바우하우스 100년의 이야기
The Story of the Bauhaus

바우하우스 100년의 이야기

초판 1쇄발행 2019년 1월 7일

저자 : Frances Ambler
역자 : 장정제

발행인 : 김기현
발행처 : 시공문화사(***Spacetime***)
출판등록: 1993년 3월 12일
주소: 서울시 서대문구 독립문공원길 13 (03733) 극동프라자 5층
전화: 02) 3147-1212
팩스: 02) 3147-2626
http://www.spacetime.co.kr
mail: spacetime@korea.com
편집: Design Battery

ISBN: 978-89-5592-405-3

Printed and bound in China

정가: 20,000원

Acknowledgements in Source Order
The Story of the Bauhaus

akg-images 28, 166; © Estate of Hannes Meyer 134; **Alamy Stock Photo** Agencja Fotograficzna Caro 116, 170; Artokoloro Quint Lox 168; Chronicle 82; dpa picture alliance 144, 158; Everett Collection Historical 85; Galit Seligmann 196; Granger Historical Archive 172 © FLC/ADAGP, Paris and DAS, London 2018, 44; Hedrich Blessing Collection/Chicago History Museum/Arcaid Images 162; Heritage Image Partnership 94, 178, 180; Interfoto 11; Keystone Pictures USA 190; Lebrecht Music & Arts 36; Mariano Garcia 62; Michal Sikorski 192; Oliver Berg/dpa/Alamy Live News © DACS 2018 66; Peter Horree 43, 50, 182, 199, © DACS 2018 152; Quantum Pictures © The Josef and Anni Albers Foundation/DACS 2018 104; Ros Drinkwater 42; Stillman Rogers 164; Stuart Forster © DACS 2018 64; The Artchives 37; Ulf Wittrock © DACS 2018 72; Universal Art Archive © DACS 2018 140; **Bauhaus-Archiv Berlin** 24; © Bauhaus Archiv 88; © Bauhaus-Archiv. Photo Herman Kiessling 98; Bredendieck © Dina Zinnes. Photo Fotostudio Bartsch 142; © DACS 2018 22, 38; © Dr Stephan Consemüller 96; © Estate of T Lux Feininger 148; Stolz-Stadler © DACS 2018. Photo Hartwig Klappert 32; **Bauhaus Dessau Foundation** © DACS 2018. Photo Kelly Kellerhoff 92; © DACS 2018. Photo Uwe Jacobshagen © DACS 2018 138; © Rowland H Ross 156; Photo Stella Steyn 120; © The Estate of Hannes Meyer/The Estate of Hans Wittwer 114; **bpk Bildagentur** Kunstbibliothek, SMB, Willy Römer Archiv. Photo Walter Obschonka 74; **Bridgeman Images**12; Bauhaus Archive, Berlin © DACS 2018 76; Bauhaus Archive, Berlin/De Agostini Picture Library © DACS 2018 70, 130; Dallas Museum of Art, Texas. Gift of Stuart Gordon Johnson by exchange, General Acquisitions Fund, and The Patsy Lacy Griffith Collection, gift of Patsy Lacy Griffith by exchange 122; Deutsches Tapetenmuseum, Kassel, Germany © Museumslandschaft Hessen Kassel/Gabriele Boessert 154; Joerg Hejkal 100; Musée d'Art Moderne, St Etienne/De Agostini Picture Library 108; Museum of Fine Arts, Houston, Texas. Gift of Galerie Rudolph Kicken © Estate of T Lux Feininger 78; Private Collection © DACS 2018 126; PVDE 16, 198; SZ Photo/Scherl 75; Tallandier 156, © DACS 2018 14; The Stapleton Collection © DACS 2018 60; University of East Anglia Collection of Abstract and Constructivist Art 184; **Dennis van Zuijlekom** Flickr CC BY-SA 2.0 194; Esto Ezra Stoller 200; **Frances Ambler** 211; **Getty Images** Bettmann 205, 212; Fine Art Images/Heritage Images 34; Genevieve Naylor/Corbis 188; Leon Neal/AFP 56; Susan Schiff Faludi/Three Lions 204; Ullstein Bild via Getty Images 10, 118, 119, 132; Yves Forestier/Sygma 150; **Harvard Art Museums** Busch-Reisinger Museum. Gift of the Artist, BR48.94 © DACS 2018. Photo Imagining Department © President and Fellows of Harvard College 128; **iStock** jokos78 110; The Josef and Anni Albers Foundation © 2018 The Josef and Anni Albers Foundation, Artists Rights Society (ARS), New York/DACS, London. Photo Tim Nighswander/Imaging4Art 30; © 2018 **The Josef and Anni Albers Foundation**/Artists Rights Society (ARS), New York/DACS 208; © The Josef and Anni Albers Foundation/DACS 2018 106, 210; © The Josef and Anni Albers Foundation/DACS 2018. Photo Tim Nighswander/Imaging4Art 112; **Klassik Stiftung Weimar** 58, 68; © Arnulf Lutz 26; © Kloster Maria Laach 40; **Library of Congress** Prints and Photographs Division © DACS 2018 46; **Metropolitan Museum of Art, New York** CC0 1.0 Universal 84, 86; **Miller's** © DACS 2018. Photo Skinner Inc, www.skinnerinc.com 202; Quittenbaum Kunstauktionen GmbH, www.quittenbaum.de 48; Public domain via **Monoskop** 102; **The Museum of Fine Arts, Houston** Gift of Manfred Heiting. The Manfred Heiting Collection, 2002.1832 © Brigitte Peterhans/Museum Folkwang, Essen 146; **REX Shutterstock** Stuart Forster 18; Tony Kyrlacou © Prof Alexander H Volger/Dr Elisabeth Davids 124; **Scala** Elaine Lustig Cohen Collection. Gift of Lawrence Benenson and the Committee on Architecture and Design Funds © DACS 2018. Digital image, The Museum of Modern Art, New York/Scala Florence 90; The Museum of Modern Art. Gift of Philip Johnson. Digital image, The Museum of Modern Art, New York/Scala, Florence 176; **St Annen-Museum** Fotoarchiv der Hansestadt Lübeck © DACS 2018 136; Helen Post Modley and courtesy of the Western Regional Archives, **State Archives of North Carolina** 209; **SuperStock** A Burkatovski/Fine Art Images 20; **TECTA** www.tecta.de 54; **Yale University Press** Josef Albers, Interaction of Color 50th Anniversary Edition, Yale University Press, New Haven 2013 © The Josef and Anni Albers Foundation/DACS 2018 206.

바우하우스 100년의 이야기
The Story of the Bauhaus

모든 것을 바꾸었던 예술과 디자인 스쿨

Frances Ambler / 장정제

Spacetime

바우하우스
100년의 이야기

1

바이마르 시기 (1919–25)의 바우하우스

2

데사우 시기 (1925–32)의 바우하우스

3

베를린 시기 (1932–3)의 바우하우스와 그 유산 그리고 그 이후

Introduction

바우하우스는 한 세기 전, 설립되었고 거의 백년이나 지났음에도 여전히 훌륭하다. 1919년부터 1933년까지 비록 짧은 시기 동안 작업하였지만, 바우하우스의 이후 생명력은 오랫동안 지속되었다. 사실상, 여전히 오늘날 우리 주변 세계를 만들어내고 있다.

바우하우스의 아이디어가 일련의 작품들에 녹아드는 동안, **기능주의적 건축물** 36, **뛰어난 철재 의자** 43, **산세리프 활자** 99, **원형, 직사각형, 삼각형** 28을 만들어 냈다. 바우하우스는 이 보다 더 많은 것을 항상 탐구했다. **라즐로 모홀리 나기** 37는 '제품이 아니라 인간이 관점의 목적이다.'라고 언급했다.[1] 바우하우스는 혁신적이고 종종 모순되기도 하는 다양한 사고와 의욕들의 집합이었다. **바이마르** 2, **데사우** 36, **베를린** 77에 이르는 물리적인 기반을 훨씬 뛰어넘는 것이었다. 그러한 결과는 스타일을 훨씬 넘어서는 적합성에 의하여 통합되었다. 그것은 모든 사람을 위한 굿 디자인이라는 사고와 새로운 세계를 창조할 수 있다는 잠재성에 대한 믿음이었다.

바우하우스는 단지 하나의 무엇이 아니었기에, 이 책, 바우하우스 스토리는 100여개의 항목들을 통해 그 존재성과 이후 삶에 끼진 지속적인 영향들을 만들어 낸 개성, 아이디어, 디자인의 조합들을 찾아보고자 한다. 또 바우하우스의 창조성과 다양성을 기념한다. **보르쿠스** 과정 5과 같이 예술 교육에 있어서 아이디어를 개척하는 것부터 **바우하우스의 무대**를 위한 극장 실험 54에 이르기까지, 오래전부터 바우하우스를 둘러싸고 있던 신화에 도전한다. 설립자 **발터 그로피우스** 1가 미국에 모더니즘을 가져왔다거나 **텔아비브의 '화이트 시티'** 92의 개발에 있어 과장된 바우하우스의 역할들이 있지만, 그러한 언급과 일반화는 바우하우스에 의해 형성된 풍부하고 다양한 사고, 작품, 개성들에 비할 바가 아니다.

바우하우스가 그 이상들에 부응하지는 못하였던 시기의 사례들을 보여줄 수 있다. 예를 들어, **데사우 퇴르텐** 53의 주택개발단지사업에서의 오점, **마리안느 브란트** 60의 **티 인퓨저** 31와 같은 작품은 기계시대를 형상화하지만 **바우하우스 워크숍** 6에서 직접 수작업으로 공들여 생산되지는 않았다. 이러한 결점들을 보충하는 우수성은 바로 그러한 작업이 항상 시도되고 있었다는 것이다. 바우하우스는 기술, 표현수단, 사고들을 가지고 창조적으로 실험할 수 있는 장소였다. 또한 잘못된 결과를 넘어설 수 있는 자유를 가지고 있었다. 아주 짧게 나타났지만 파시즘이 성장하는 가운데 가르치고, 만들고, 생활하는 새로운 방식을 시도하는 곳이었다. 이것이 백년간 바우하우스가 여전히 신선한 아이디어를 제공하는 방식, 호기심, 탐구의 정신이다.

The Bauhaus in Weimar, 1919–25

'함께 미래의 새로운 구조를 꿈꾸고 인식하고 창조하자.'[1]

– 발터 그로피우스

1차 세계대전의 폐허에서 설립된, 바우하우스는 **발터 그로피우스** [1] 에 의하여 세워졌다. 새로운 사회를 만들어내는데 그들의 역할을 재고하였고 예술과 디자인의 통합을 성취하고자 했다.

세계적으로 유명한 아방가르드 작가, **바실리 칸딘스키** [27] 와 **파울 클레** [14] 는 바우하우스의 첫 번째 선생들이었다. 카리스마 넘치는 **요하네스 이텐** [4] 은 장인정신, 표현, 조화를 강조한 첫 번째 커리큘럼을 만들었다. 바우하우스 교육의 핵심은 모든 학생들에게 필수였던 **보르쿠스** 예비과정 [5] 이다. 전통적인 예술 교육과는 대조적으로, 이 과정은 가장 일상적인 재료를 가지고 탐구와 재평가를 유도한다. 이어지는 **워크숍** [6] 들은 **도자** [16], 벽화제작, 조각, 섬유 등이며 실무 작업과 이론적인 사고를 하나로 묶는 과정이었다. 학생들은 표현주의를 포함하여 광범위한 아방가르드 스타일을 실험했다. 군타 스퇼츨, 마르셀 브로이어의 **아프리칸 체어** [12], 브로이어의 **조각 의자** [20] 에 나타나는 데스틸적인 작업이 있다. 이텐의 입문자를 위한 강의 **'놀이-파티-작업'** [9] 에서 강조한 바와 같이 바우하우스의 실험은 단지 학습이 아니었다. 이 집단은 다양한 **파티, 축제,** [33] **음악** [35] 과 바우하우스가 만들어 놓은 밀접한 관계성에 의하여 묘사된다.

공동작업을 강조하는 바우하우스는 야심찬 범 학교적인 프로젝트를 시도했다. **조머펠트 하우스** [10] 와 ***새로운 유럽 그래픽 작품들*** [13] 을 생산했다. 1923년 **바우하우스 전시** [21] 는 세계에 그들의 야심찬 전망을 펼쳐보였다. 전시는 관람객들이 바이마르를 지지하도록 호소했다. 바우하우스 디자인들은 도자에서 요람에까지, 주방에서 **하우스 암 호른** [22] 주거 전체에 이르는 일상의 서로 다른 다양한 측면들과 연관되어 있음을 보여주었다. 전시는 새로운 시대, **'예술과 기술'** [25] 의 시대의 시작을 예고했다. 이텐을 시작으로, 그로피우스는 마리안느 브란트의 **티 인퓨저** [31] 그리고 **바우하우스 램프** [32] 로 알려진 것과 같은 바우하우스의 가장 유명한 디자인들을 생산할 수 있도록 이끌었다.

하지만 1924년 선거에서 우파 정당들이 우세해짐에 따라, 바우하우스는 자금 압박을 받았고 주 지원금에 크게 의존하게 되었다. 그로피우스는 바우하우스를 새로이 떠오르는 산업도시 데사우로 옮기기로 결정했고, 시장으로부터 지원을 받게 되었다. **마르셀 브로이어** [42], **요제프 알베르스** [47] 그리고 **헤르베르트 바이엘** [58] 은 모두 바이마르에서 학생이었으나 데사우에서는 젊은 마스터로 일하게 되었다. 그리고 그들이 바우하우스의 다음 단계를 만들어냈다.

WALTER **GROPIUS**

1

발터 그로피우스

학교장, 1919 – 28

위. 데사우에서, 클레, 칸딘스키, 무헤와
그로피우스, 1926.
사진

발터 그로피우스는 본질적으로
바우하우스와 직결된다. 비전을
가진 설립자이자 지칠 줄
모르는 옹호자이고 결과적으로
근대건축운동이 발전하는 데 중심에
서게 된다.

그로피우스는 1차 세계대전 이전,
그의 사무실을 열기 전, 유명한
건축가이자 디자이너인 피터 베렌스를
위해 작업하면서 명성을 쌓았다.
그의 파구스 공장은 아돌프 마이어
1911–13와 함께 디자인한 것이었는데,
초기 근데 건축의 역작이었다. 전쟁
이후, 그는 전후세계를 재건하는
많은 시도들에 참여했다. 오래된
형태들은 폐허에 사라졌다고 1919
년 선언하였다. 오래된 인간의 정신은
틀렸음이 밝혀졌고, 새로운 형태를
향한 변화의 물결이 오고 있다고 했다.[1]
그로피우스에게 있어서 새로운 형태는
다음 해 세워진 바우하우스였다.

그로피우스의 혁신적인 강의 계획에서,
6 모든 학생들은 **워크숍**에서 예술과 실무
5 교육을 받기 전에 ***보르쿠스*** 예비과정을
수강해야 했다. 그의 뛰어난 매력이기도
했지만, 그는 매우 노련하게 개성 있는
작가들을 다루었고 관계를 확고히
했다. 그는 아방가르드 예술가들, **파울
클레**, **바실리 칸딘스키**, **요하네스** 14 27
이텐을 스텝으로 임명했다. 그리고 4
그는 **조머펠트 하우스**와 같은 공동 10
프로젝트를 하게 했다. 그의 1923년
'**예술과 기술–새로운 통합**'의 선언은 25
대량생산을 위한 디자인을 강조했다.
그로피우스는 그의 비전을 데사우의
학교를 건축하면서 새로운 건축물로
제시했다.

그는 1928년 악화되는 정치적 여건
상황에서 바우하우스를 떠났다.
하네스 마이어는 그의 후임으로 교장이 62
되었다. 독일에서 그로피우스의 이후
프로젝트는 칼스루헤와 베를린의
주택단지가 있다. 그는 이후 먼저
브리튼으로 다음에는 미국으로
이주했다. 그리고 **하버드 디자인** 87
대학원에서 교수로 활동했다.

그의 바우하우스 옹호는 1935
년 '*새로운 건축과 바우하우스*'라는
책에서 그리고 1938년 MoMA
에서 열린 '바우하우스 1919–1828'
전시를 통해 지속되었다. 결과적으로
그로피우스의 바우하우스에 대한
비전은 그의 계승자들의 노력에
의하여 오늘날 가장 유명해졌다.

앞페이지. 개발 계획도 앞에 선
발터 그로피우스, 1930
사진

THE FOUNDING OF THE BAUHAUS

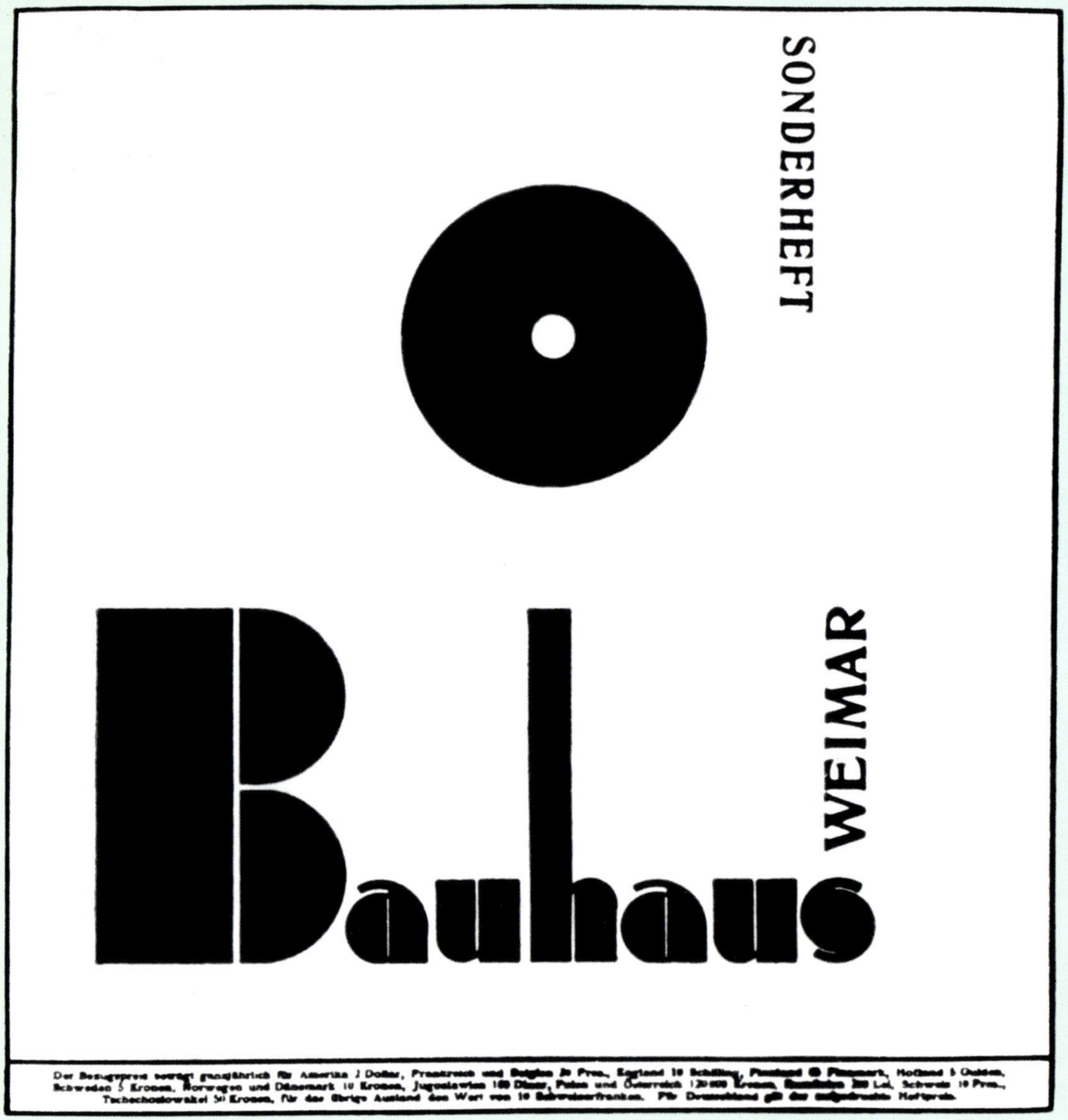

2

바우하우스의 설립

1919

1 **발터 그로피우스**는 1차 세계대전 이후시기를 회고하며, 모든 사유하는 사람들은 다가올 시대의 지성적인 변화의 요구를 느꼈다고 썼다.[1] 미래를 바라보기 위하여, 그는 윌리엄 모리스와 존 러스킨과 같은 사례를 되돌아보았다. 이들은 19세기 후반 중세 수공예작가들을 산업혁명에 직면하도록 유도했다. 그로피우스의 동시대인들, 예술을 위한 작가협회 (Workers' Council for Art)의 구성원들과 앙리 반 데 벨데와 피터 베렌스와 같은 개인들은 예술을 통해 급진적인 결과를 얻고자 했다.

그로피우스는 반 데 벨데가 맡고 있던 바이마르의 예술공예학교의 교장 자리를 두고 협상했다. 전후의 혼란 기간 중, 그는 정부당국을 설득하여 예술공예학교와 순수예술 아카데미를 통합했다. 이 새로운 기관인 국립 바이마르 바우하우스가 1919년 4월에 오픈했다. 바우하우스라는 이름은 어원 바우휘테를 연상시킨다. 바우휘테는 중세 건축 조합의 공방이고 도제학생들이 학습을 통해 장인이 되는 곳이었다. 이곳은 모든 수준의 건축가, 조각가, 공수공예작가들이 함께 동일한 예술 정신으로 모일 수 있는 장소였다.[2]

비슷하게 그들의 선생들, 마스터들은 공동작업을 하거나 조수의 역할을 하는 모든 직원들을 말한다. 이들은 독립적으로 작업하기도 하고 밀접하게 공동작업하거나 나아가 공동의 조직을 만들기도 했다.[3]

그로피우스의 역할은 젊은 학생들의 희망과 요구에 직접 대응하는 것이었다. 바이마르 바우하우스에서 강의한 브루노 아들러는 창조적 작자들의 진정한 공동체에서 발견할 수 있는 새로운 방식을 약속했다. 그것은 오래되고 낡은 관습들을 대신 할 새로운 교육 방식들이었고 수공예작업으로의 회귀이자 미래의 창조적 통합체라는 비전을 넘어서는 것이었다.[4]

앞페이지. 바우하우스 바이마르, 1919 포스터

GESAMTKUNSTWERK

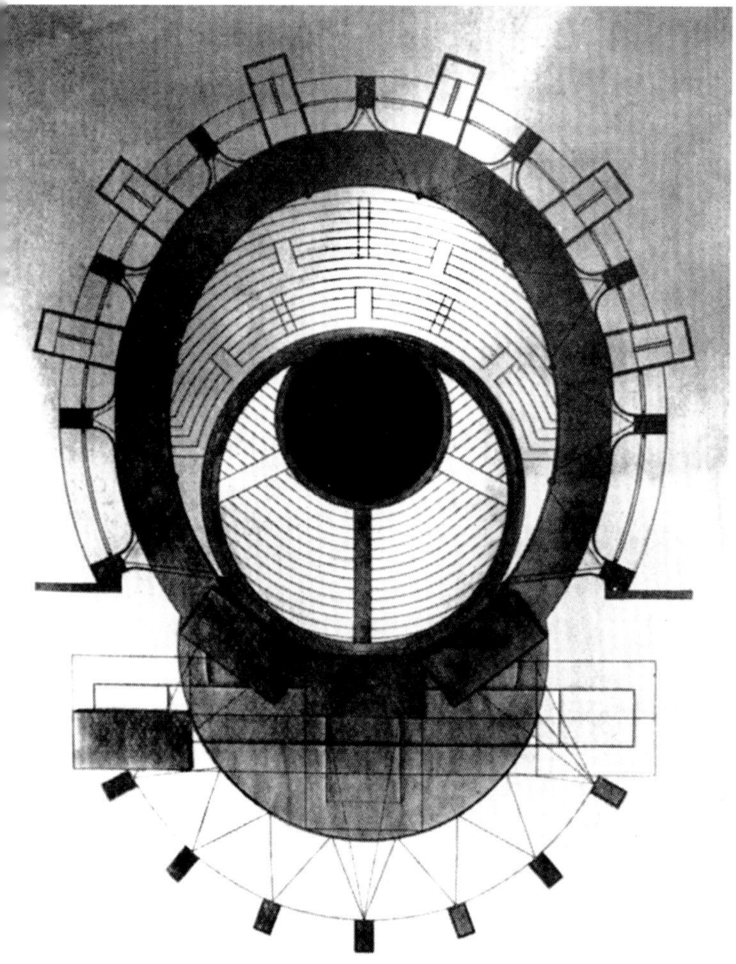

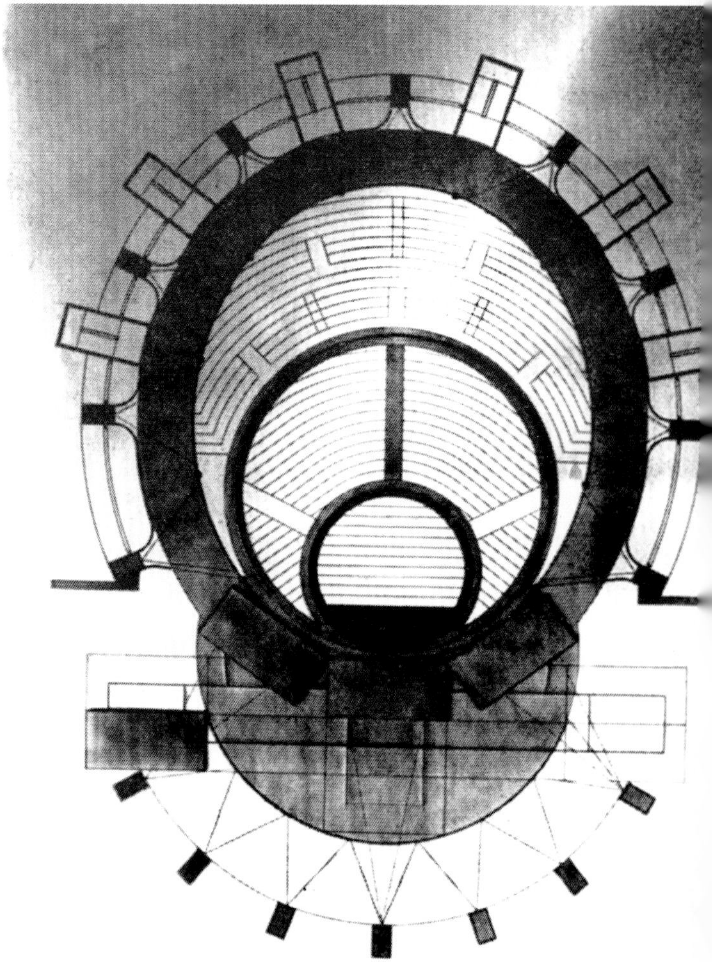

3

종합예술

비록 19세기에 시작된 종합예술 즉, 예술의 통합적 작업과 예술의 종합이라는 개념을 통해서 새로워진
1 사고였고 **그로피우스**를 통해
알려졌다.

이 단어는 독일 철학자 드렌도르프에 의하여 처음 사용되었다. 그리고 1849년 두 에세이에서 예술의 통합체로서 무대를 바라본 작곡가 바그너와 연관되었다. 바우하우스와 연관 지어보자면, 그로피우스가
7 분명하게 **선언문**에서 밝혔듯이 '미래의
새로운 구조'는 건축과 조각과 회화를 하나의 통합체[1]로 끌어안아 건축물로 나타난다고 했다. 초기에, 그러한
10 이상은 **조머펠트 하우스**와 **하우스 암**
22 **호른**과 같은 프로젝트에서 나타났다.
36 이후 데사우의 **바우하우스 건축물에서**
나타났다. 이 건물은 가구, 벽화, 조명 그리고 다양한 분야의 작업을 통합하여 건축지위를 고양시켰다. 그
25 이후, **산업과 기술**이 중요시되면서
그 이상은 바우하우스의 다른 작업을
42 통해 계승되었다. 예를 들면, **마르셀**
94 **브로이어**와 **프랭크 하우스**의 인테리어
작업이 있다.

예술의 통합을 위한 바우하우스의 실험에 참여한 다른 작가들은
그들만의 방식을 만들어 냈다. **바실리** 27
칸딘스키는 예술과 음악을 연관시켰고
오스카 슐레머는 극장에서의 실험을 17
바그너의 개념과 근접시켰다. 만약 그로피우스가 1926-7년 에르빈 피스카토르 감독을 위해 디자인한 통합극장이 실현되었더라면, 이 극장 역시 종합예술로 여겨질 수 있었다.

실제로, 바우하우스는 그로피우스의 비전을 보여주는 수공예작품을 창조하는 동안, 바우하우스의
보르쿠스 교육과 워크숍 시스템은 5
학생들의 시각을 새로운 가능성으로 열어주었고 공동작업을 창조했다. 디자인과 예술 작업의 영역을 가로질러 혁신적이고 영향력 있는 실험적 학교를 만들어냈다.

통합극장

연출가인 에르빈 피스카토르는 혁신적인 발명품으로 유명했다. 그것은 영상들, 시각적 음향적 효과들이 하나로 포함되었고 그 안에서 연기자들은 관객들과 뒤섞였다. 그는 또한 바우하우스에 매우 밀접하게 연결되어
있었다. **마르셀 브로이어**는 42
피스카토르의 베를린 아파트 인테리어를 디자인했고, 발터 그로피우스는 1927년 그의 통합극장 디자인을 만들어냈다. 그로피우스는
바우하우스에서 실험적 54
극장의 경험들을 토대로 유연한 공간을 창조해냈다. 회전하는 무대와 램프를 통해서 변형 가능한 공간이었다. 배우자와 청중들 사이에 장벽을 파괴하고자 의도했다. 그곳에서는 사진과 영화의 영상을 스크린은 물론 벽과 천정에 투사할 수 있다. 이 극장은 노동자 계급의 청중을 다수 끌어들이기 위해 낮은 입장료로 계획되었다. 이 극장 계획은 1929년 시작되었으나 경제적인 위기에 직면하였고 그러한 이유로 실현될 수 없었다.

앞페이지. 무대의 이동이 가능함을 보여주는 극장 계획.
발터 그로피우스, 1927
석판인쇄

JOHANNES ITTEN

4

요하네스 이텐

마스터, 부학교장, 1919-23

요하네스 이텐은 바우하우스 초기
강인하고 가장 돋보이는 개성[1]을 가진
것으로 유명했다. 그는 커리큘럼을
만들었고 바우하우스 끝까지 그리고
전쟁 후까지 이어졌던 교육방식을
17 확립했다. 또 **오스카 슐레머, 파울**
14 27 **클레, 바실리 칸딘스키**를 임용하도록
도왔다.

이텐은 충격적인 전쟁의 파괴와 함께
따라온 복구의 방법을 강구했다.[2]
그는 마즈다즈난 이라는 동양에서
영향 받은 종교적 운동에 눈을
돌렸다. 때문에 수도승 같은 스타일과
채식주의적 식단을 따랐고 그의 강의
첫 시작에 호흡법을 소개하기도 했다.
그의 학생 파울 시트로엥에 따르면,
이텐의 급진적, 독선적 믿음은 그를
광신적으로 따르게 하거나 혐오하도록
만들었다.[3]

그의 강의에서, 이텐은 개성적인
해답을 찾았다. 가장 가치 있는 순간은
학생들의 가장 깊은 곳의 핵심에 닿는
때이며 정신적인 불꽃을 일깨우는
것이라고 언급했다.[4] 그의 영향력은
5 6 ***보르쿠스***에서 **워크숍**까지 확장되었다.
금속 워크숍에서 장인정신을 세심하게
표현하는 오브제를 생산하거나 색채와
대조를 표현하는 섬유 작업에서
나타났다. 그러나 그는 워크숍의
경제적인 가능성을 수용하지는
않았다. 이텐은 학생들은 그러한
관점들로부터 벗어나야 한다고
느꼈다. **그로피우스**가 워크숍에서 1
이익을 생산할 수 있는 방향으로
유도했으므로, 이러한 이텐의 관점은
논쟁거리가 되었다. 이러한 측면에서
이견을 가진 시기가 이어졌고, 이텐은
1923년 3월 바우하우스를 떠났다.

울름에서의 역할을 포함한 그의 강의 90
경력을 통해서, 이텐은 지속적으로
영향을 끼치고 고무시켰다. 학생
귈라 파프는 좋은 기억처럼 바이마르
시기의 경험을 다음과 같이 언급했다.
이텐이 우리들에게 요구했던 생각과
아이디어는 연쇄반응과 같이 모두
포용적이며, 무궁무진하며 여전히
우리에게 영향을 미치는 작업이었다.[5]

앞페이지. 요하네스 이텐의 초상, 1920
사진

THE VORKURS

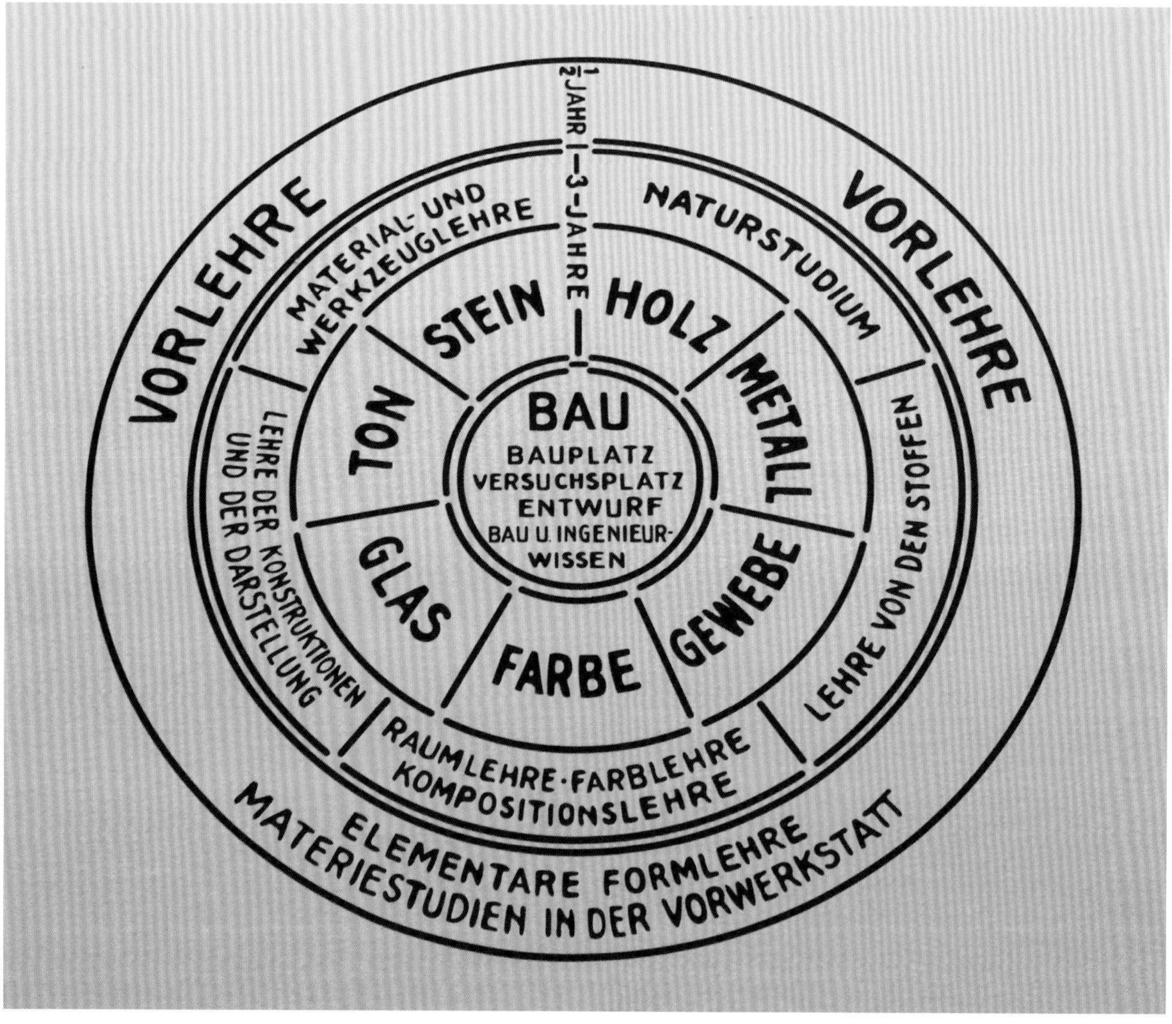

VORLEHRE
VORLEHRE
½ JAHR
3 JAHRE
MATERIAL- UND WERKZEUGLEHRE
NATURSTUDIUM
LEHRE DER KONSTRUKTIONEN UND DER DARSTELLUNG
LEHRE VON DEN STOFFEN
RAUMLEHRE · FARBLEHRE KOMPOSITIONSLEHRE
ELEMENTARE FORMLEHRE MATERIESTUDIEN IN DER VORWERKSTATT
STEIN
HOLZ
METALL
GEWEBE
FARBE
GLAS
TON
BAU
BAUPLATZ
VERSUCHSPLATZ
ENTWURF
BAU U. INGENIEUR-WISSEN

5

보르쿠스 예비과정

시각적으로 개념적으로 완전히
새로운 세계가 우리에게 펼쳐진다.
초기 학생, 하네스 베크만은
보르쿠스의 역할을 이처럼 모사했다.[1]
바우하우스의 예비과정이며 모든
6 학생들이 **워크숍** 전에 의무적으로
해야 했다. 전통적인 예술 학교에서,
학습은 대체로 오래된 마스터의
작품과 드로잉을 모사하는 것이었다.
바우하우스에서, 보르쿠스의 첫 번째
4 선생이었던, 개성 넘치는 **요하네스
이텐**은 학생들의 창조적인 힘을
촉발시키고자 했다.[2] 폐품 더비와
쓰레기통에서 찾아낸 것을 사용하여
작품이 완성되었고 재료, 본질, 대비를
탐구하는 것이었다. 수업은 각 개인의
성향과 재능을 다루고 있었다. 궐라
파프의 회상처럼, 모든 관념에서
벗어나 실질적이고 독립적인 작업이
가능하도록 돕는 것이었다.[3]

창조적인 실험에 주목하는 것은
보르쿠스가 유지되는 동안 중요한
특성이었지만, 과정은 각각의
선생들이 가진 새로운 방향성을
수용했다. 라즐로 모홀리 나기는 1923
년 수장으로 임명되었고, 이후 그의
47 자리를 이어 받을 **요제프 알베르스**가
37 보조했다. **모홀리 나기**는 이 과정에서
주관적인 관점을 걷어냈다. 대신
예술가를 수공예작업을 넘어선
기술자와 기계로 구분하였다. 반면에
알베르스는 보르쿠스 예비과정을
재료에 감수성을 예리하게 부여하는
것을 목표로 하는 탐구의 과정으로
보았다.

놀라운 일은 아니지만, 선생들은 각
세대의 학생들에게 거대한 감동을
주었고 종종 그들의 이후 작업에
영향을 끼쳤다. 예를 들어, **마리안느** 60
브란트의 작품 ME 105a ceiling
light의 윤기 있고 반 광택의 표현을
사용한 것은 보르쿠스 과정의 서로
다른 재료와 마감의 대비[4]에서 참조한
것이다.

교장으로서 **하네스 마이어**는 심리학, 62
사회학, 사회경제학의 여러 과정들을
대체하고 있었던 *보르쿠스*의 필요성에
의심을 품고 있었다. 이후 더 이상
필수가 아니라고 한 사람은 **루드비히** 75
미스 반 데어 로에이다.
재정적인 그리고 정치적인 압박이
늘어가는 가운데, 나찌의 힘이
확장되었고 미스는 바우하우스의
커리큘럼을 관습적인 기반으로
옮겨놓았다. 대신, 학기말 평가로
학생들이 계속 수학할 수 있을지를
결정하였다.

*보르쿠스*의 지속적인 영향

바우하우스의 **폐쇄** 이후, 그 82
학생들은 유럽 예술 교육에
끼친 *보르쿠스*의 영향력을
인정했다. 알베르스는 **블랙** 88
마운튼 칼리지와 예일에서,
모홀리 나기는 시카고의
새로운 바우하우스에서 84
교육을 이어갔다. 이들의
교육은 북미와 그들의 학생
그리고 한국, 중국, 일본, 극동
너머까지 영향을 미쳤다.[5] 이
예비과정은 오늘날 아직도
예술, 디자인 학교에서
다방면의 모델로 쓰인다.

앞페이지. 바우하우스 일정표,
1920년대

다이어그램

The workshops

6

워크숍

1 **발터 그로피우스**의 1935년 책,
'*새로운 건축과 바우하우스*'에서,
워크숍은 공동작업을 위하여
준비과정의 가장 중요한 부분이라고
언급했다.[1] 학생은 원칙적으로 6
5 개월간의 ***보르쿠스*** 과정을 마친 후,
워크숍의 도제가 된다. 바이마르
시기의 워크숍은 도자, 인쇄, 섬유,
벽화가 포함되었다.

각 워크숍은 두 명의 마스터가 맡는다. 조형을 맡는 마스터와 기술적인 부분을 맡는 마스터로 각각 예술가, 작업마스터로 구분된다. 그로피우스에 의하면, 이러한 혁신은 다가올 세대에 창조적인 작업의 모든 조형을 통합하도록 만들어 줄 것이라고 했다.[2] 학생은 작업을 하면서 배운다. 가장 최신의 작품들을 얻기 위하여 실질적인 새로운 디자인을 만들어낸다. 대량생산을 위한 모델을 발전시킨다.[3] 그러므로, 워크숍은 바우하우스의 운영에 기여하게 된다. 그래서, 인쇄 워크숍이 재정적으로 성공할 수 없다는 것이 드러났고 데사우로 바우하우스를 옮기면서 제외되었다. 바우하우스 기간 내내 일어난 단 하나의 변화였다. 종종 다른 변화가 워크숍 내에서 일어났다.
금속 워크숍에서는 값비싼 재료로
작업하던 것이 대량생산 가능한
조명기구를 디자인하는 것으로
변화했다. 또 워크숍 사이에서도
있었는데, **하네스 마이어**는 금속, 62
가구, 벽화 워크숍을 하나로 묶어
인테리어 디자인을 진행했다. 새로운
주제들도 소개되었다. 사진 워크숍이
공식적으로 1929년 광고 워크숍에
통합되었다. 이러한 변화는 광범위한
영향을 만들어냈다. **루드비히 미스** 75
반 데어 로에의 수정은 바우하우스의
방향을 건축 학교로 바꾸어 놓게 된다.

이러한 시작에도 불구하고, 모든 워크숍이 동일한 결과를 만들어내지는 않았다. 바우하우스는 처음부터 여성 학생들을 남성 학생들과 동일한 바탕에서 입학시켜 교육하였고 1920년까지 섬유, 도자, 출판 워크숍에 참여하였다. 섬유 작업을 했던 여성들이 그 워크숍을 바우하우스의 가장 성공적인 워크숍으로 만들었다는 것은 상당히 만족스러웠다.

앞페이지. 금속 워크숍, 바이마르, 1923

사진

The Bauhaus manifesto

7

바우하우스 선언

1919

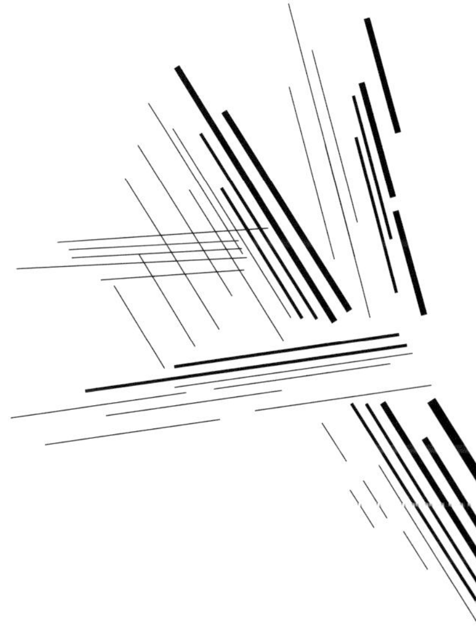

'미래의 새로운 구조를 함께 열망하고 인식하고 창조하자. 그 미래의 구조는 건축과 조각, 회화를 하나의 종합체로 만들어낼 것이며 어느 날 새로운 신념의 결정적 상징과 같이 수백만 작업자들의 손으로부터 하늘로 솟아오를 것이다.'[1] 이 문장은 1919 년 4월 새로운 형식의 바우하우스의
1 교장을 받아들이면서 발표한, **발터 그로피우스**의 바우하우스 선언에 포함된 주장이다. 표지에는, 판화 워크숍의 마스터로 새로 부임한 라이오넬 파이닝거에 의해 제작된 목판화가 인쇄되었고 아방가르드와 고딕 성당을 접합시킨 결정체적 상징의 비전을 제시했다.

선언문에 제시되고 인쇄되었듯이 바이마르 국립 바우하우스 교육 프로그램과 함께, 바우하우스는 장인과 예술가 사이의 높은 장벽을 없앴다.[2] 장인들의 새로운 길드[3]는 영감을 얻기 위해 선생과 학생의 관계보다는 마스터, 장인, 도제의 관계를 갖는 중세시기의 훈련을 받아들였고 미래로 발전할 수 있는 방식을 제공했다. 길드가 존재하는 동안, 바우하우스는 그 선언문과는 달리 다양한 측면에서 벗어났고 다른 방향으로 돌아갔다. 비록 선언문은 국가의 산업과 공예의 리더들과 지속적인 접촉을 약속하였음에도, 1920년대 중반이후 바우하우스는 진정으로 산업을 위한 디자인을 시작했다.[4] 그로피우스의 배경과 모든 시각적 예술의 궁극적인 목적은 완전한 건축물이라는 선언문에도[5] 불구하고, 1927년까지 건축을 위한 전공 교실도 주어지지 않았다.

필요에 의해서, 선언문은 즉시 발표되었고 유럽과 러시아에 이르는 많은 기관들에 영향을 끼쳤다. 그러한 영향력의 가장 확실한 증거는 설립초기에서부터 바우하우스에 매력을 느낀 마스터와 학생들의
수준이다. 잘 알려진 **파울 클레**, 14
바실리 칸딘스키와 같은 작가에서부터 27
아직 알려지지 않은 학생으로서
미래를 만들어 낼 **군타 스퇼츨**, 34
마르셀 브로이어가 있었다. 42

앞 페이지. 성당, 선언문이자 바이마르 공립 바우하우스의 프로그램의 표지
라이오넬 파이닝거, 1919

목판화

STAR MANIKIN

8

스타 마네킹

카를 피터 룔

1919

카를 피터 룔의 '리틀 스타-맨'[1]은
18 **오스카 슐레머의 디자인**으로 바뀌기
전, 짧게 2년 동안 1919년에서
21년까지 사용된 바우하우스의
기장이다. 그러나 새로운 로고 디자인
공모전의 수상작으로서, 이 로고
디자인은 초기 몇 년 동안 바이마르
바우하우스가 스스로를 어떻게
바라보고 있었는가를 표현한다.
손으로 그려진 스타일에서 뿐 아니라,
동시에 공예에 대하여 강조하는
것을 반영하였으며, 바우하우스
초기시기를 특성화하는 기계에 대한
혐오를 보여준다.

슐레머의 마지막 디자인에서처럼, 룔의 로고 디자인의 중심에는 인간이 배치된다. 이 디자인은 인간을 동양과 서양의 전통을 반영하는 더 폭넓은 맥락으로 확장시킨다. 인간의 머리는 중국의 음(陰)과 양(陽)의 상징을 변형한 반면에 신체는 독일의 생명의 나무를 연상시킨다.

새로운 학교를 위한 로고 디자인
이었으나, 그 기장은 과거를 강조하는
것으로 선택되었다. 이 디자인은
우아한 건축물의[2] 예로 들 수 있는
선언문의 성당을 반영하는 대신, 7
스타-맨은 피라미드를 들고 있다.
바우하우스 스스로 마스터와 도제로
구조화한 것과 마찬가지로, 인간에
의해 들려진 열쇠는 중세 석공 길드를
드러낸다.

동쪽과 서쪽, 앞과 뒤, 서로 다른
별개의 쌍은 디자인 좌측의 날개와
같은 형태에서 나타난다. 우측에는
만자(卍字)무늬가 있다. 로고 디자인은
정반대의 의미, 정지와 움직임을
상징한다. 태양과 달은 우주의 중심에
인간이 있는 디자인을 강조한다.
바우하우스의 첫 해의 열망을
표현하는 것으로서, **요하네스 이텐**의 4
영향을 반영한다. 이텐의 ***보르쿠스*** 5
예비과정에서는 학생들이 대비를
인지하고 다룰 수 있도록 가르쳤다.
로고 디자인은 **종합예술**로서 통합을 3
창조하고자 하는 노력으로 조화를
위한 바우하우스의 탐구를 보여준다.
이 로고는 이텐의 교육을 연상시킬
뿐 아니라 그 형상에서는 **바실리** 27
칸딘스키와 **게르트루트 그루노프**를 30
연상시킨다.

앞 페이지. 바우하우스 기장을 위한 디자인 (스타 마네킹), 카를 피터 룔, 1919

투명페이퍼 위 연필 후 잉크

'Our Play – Our Party – Our Work'

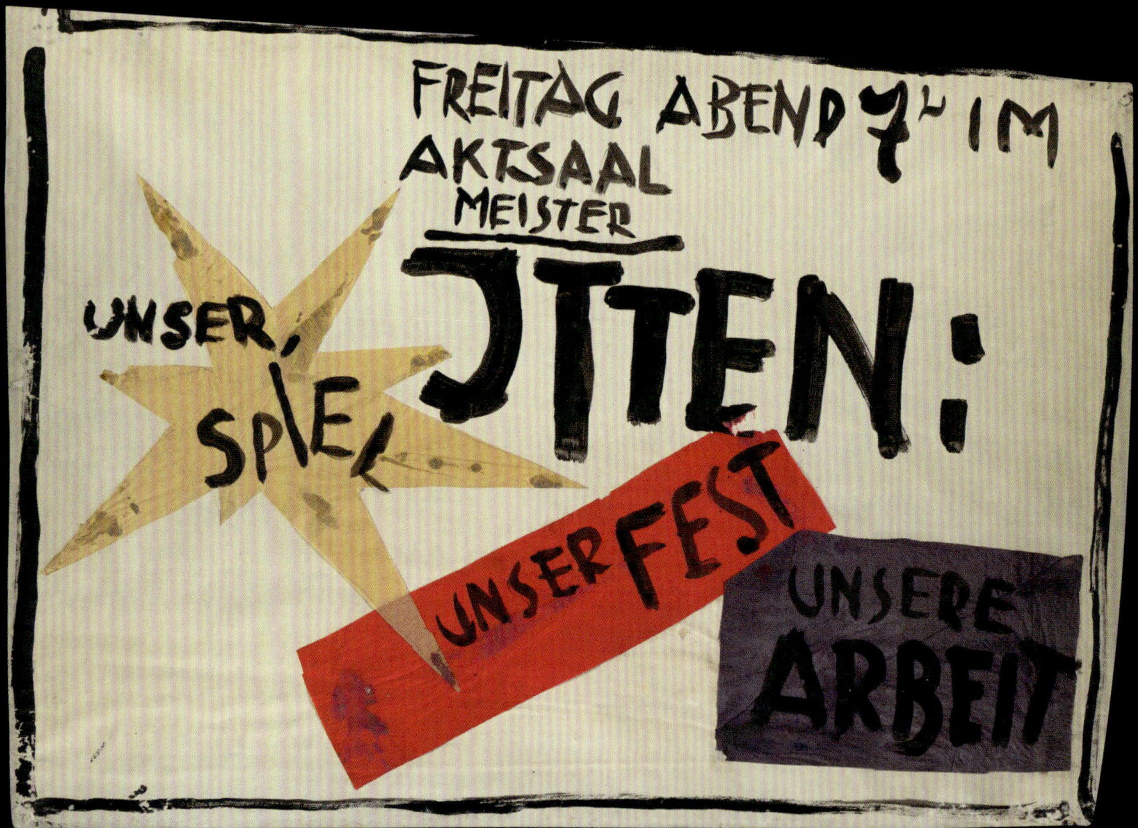

9

놀이–파티–작업

1919

놀이–파티–작업. 이 문장으로
4 **요하네스 이텐**은 자신을 바우하우스에
소개했다. 이 세 가지 가치는 새로운
예술과 디자인 교육을 대변하는
것으로서, 학교의 초기 수년간의
과정을 정의하며 바우하우스가
유지되는 동안 지속적으로 영향을
끼쳤다.

바우하우스에서 이텐의 첫 번째
공개강의를 소개하는 루돌프 루프의
포스터는 각각의 띠에 다른 색상과
형태를 부여한다. 작업의 개념은
학교를 위한 급진적인 개념이
아니라는 것 말고도, 작업을 다른 두
요소와 결합되어 있고, 이 두 요소는
교육이라는 하나의 띠로 되어 있음을
강조한다. 그들에게 교육은 새로운
사회에 기여할 수 있는 가치 있는
누군가를 만들어 내는 것이었다.
7 파티라는 문구에서, 이텐은 **선언문**에서
밝혔듯이, 극장, 강연, 시, 음악,
가장무도회와 같은 바우하우스에서의
공동작업과 생활을 언급했다. 그것은
그로피우스의 의도를 연상시킨다. 1
그것은 모임을 통한 축제와 같은 의식을
창조하는 것이다.[1] 최종적으로 놀이는
작업과 놀이가 연관된다는 이텐의
강의에서 중요한 요소를 언급한다.
그가 ***보르쿠스*** 과정을 위해 만들어낸 5
프로그램은 창조적인 자유와 유희성을
강조한다. 그러한 아이디어는 문자
그대로, 디자인에 녹아들었고 알마
지드호프 부셰의 **배 만들기 놀이**와 24
추상적이지만, **요제프 알베르스**에게 47
영향을 끼쳐 그의 ***조각*** **그림**에서 보여 11
지듯이 예술작업을 위하여 오래된
와인병으로 바닥을 만든 자신감에서
확인할 수 있다.

선택적으로 대명사를 활용하는
것만으로도. 입학 초기에 바우하우스의
일원이 되는 것이 얼마나 다르게
느껴졌는가를 보여준다. 우리들의
바우하우스에 기여하고 소속된다는
것은 바우하우스의 구성원들이 증명할
수 있는 가치 있는 것이었다. 그것은
영광스러운 배지였다.

앞 페이지. 놀이-파티-작업
루돌프 루츠, 1919

포스터

SOMMERFELD **HOUSE**

10

조머펠트 하우스

발터 그로피우스와 아돌프 마이어

1920–2

조머펠트 하우스의 완성까지,
바우하우스는 예술의 통합이라는
1 **발터 그로피우스**의 요구를 실현시킬
기회를 갖지 못했다. 베를린의
비즈니스맨이자 바우하우스의
후원자였던 아돌프 조머펠트는 개인
주택을 그로피우스와 아돌프 마이어의
건축 실습과제로 위임했다. 그리고
바우하우스의 학생들이 초대되어
고군분투하며 공동작업을 진행했다.

6 거의 모든 **워크숍**이 이 ***종합예술***에
3 기여했다. 이 하우스는 목재의
기념비였고, 조머펠트의 사업은
목재 구조에 전문적이었기 때문에
적합했다. 그리고 석회암 기반의
위에 오래된 전함에서 재활용된
목재로 건축했다. 그로피우스에
따르면, 목재는 최근 발전하는 삶
[1]의 기본적인 시작점을 반영할 수
있는 최신의 재료였다. 그로피우스와
마이어는 건축가 프랭크 로이드
라이트의 작업에서 영감을 받았다고
했다. 돌출된 지붕과 튀어나온 보
단부는 그의 초기작품인 프레리
하우스를 연상시킨다. 출입문은
드라마틱한 2층 높이의 홀로
65 열려지고 **유스트 슈미트**에 의하여
목각된 티크 패널로 장식되었다.

그의 디자인은 추상적인 패턴과
항만도시인 단치히를 대변하는 하역
크레인과 선박과 같은 조머펠트의
회사와 연관된 도시의 전경들이
삽입되었다. 이후에 성당에서 발견할
수 있는 신성한 도시들을 중세적으로
조각한, 좀 더 대중적인 문양들이
묘사되었다.[2] 겉천을 두른 안락의자는
체리나무와 가죽으로 만들어졌는데
마르셀 브로이어의 건축물의 42
인테리어 장식을 연상시켰다. **요제프** 47
알베르스의 스테인드글라스 유리창도
마찬가지였다. 바우하우스 학생들은
벽화와 내부 마감, 조명에서 바닥
러그에 이르기까지 작업했다.

희망한 것과 같이, 이 작업은
바우하우스에 광범위한 관심을
불러왔고 회고적인 책, '*바이마르 공립*
바우하우스, 1919–1923'에 다수의
디테일로 수록되었다. 유감스럽게도
그러한 도판들이 조머펠트 하우스를
확인할 수 있는 전부이다. 이 놀라운
건축물은 2차 세계대전 중에
파괴되었고 오직 차고와 조머펠트의
기사가 머물렀던 셋방만이 남아있다.

앞 페이지. 조머펠트 하우스, 베를린, 출입구, 발터 그로피우스와 아돌프 마이어, 건축 1920-2

SHARD PICTURES

11

조각 그림

요제프 알베르스

1921

47 **요제프 알베르스**는 1921년 학생 때부터 그의 *조각* 그림을 만들기 시작했다. 학생 때부터 바이마르 거리를 걷는 것을 묘사한 것으로, 그는 적절한 재료가 없어 버려진 병과 깨진 유리창을 찾았다. 카톨릭 신자인 그는 1917년에 거의 고향 보트로프에 있는 교회를 위한 스테인드글라스를 디자인하였다. 여기에서, 그는 동시대의 아방가르드적 우려들을 사로잡기 위해 매체들을 활용하였다. 조각 그림의 와인 병 바닥은 조각 그림 *'Shards in a Picture Grid'*안에서 쉽게 인식된다. 이 *조각* 그림은 예술과 일상생활 사이의 경계에 도전한다.

알베르스는 또한 생산업자로부터 샘플들을 주문하였다. 업자들은 푸흘 앤 바그너, 고트프리트 하이너스도르프 그리고 루드비히 그로세 등이었다. 그는 재료들을 크기, 형태, 색채에 따라서 배열하고 순위를 정하여 묘사하고 그 나름대로 그룹들을 만들어 냈다. 이러한 구성은 완전히 수작업으로 이루어졌다. 디테일을 보자면, 철사는 조각들을 고정하는데 사용되고 가시적으로 뚜렷하게 보이도록 남겨졌다. 격자 그림(Grid Mounted 로 알려진)은 더욱 기계적인 그리드 형상을 갖는다. 작업을 통합하는 것은 알베르스가 흥미롭게 여긴 빛과 재료들 사이의 상호작용이었다.

그러한 실험은 알베르스가 **조머펠트** 10
하우스를 위해 디자인 한 거대한 스케일의 창에 녹아들었다. 사진에서 보이듯이, 그림은 채색된 유리의 배치를 그리드와 조각같이 사용한다. 1922년 10월까지 알베르스는 유리 워크숍의 마스터 장인이었다. 고트프리트 하이너스도르프가 1923년 방문하였을 때, 그는 알베르스의 작업을 매우 흥미롭고 고무적이며 조금 잔혹하더라도 매우 매력적이라고 조심스럽게 묘사했다.[1]

알베르스는 작업을 더욱 진척시켰다. 그리고 그의 다음 작품들은 실제로 기계시대와 유리를 조화시키는 시도였다. 정확하게 그리드로 구조화된 연마된 유리 조각들과 밝은
색채들은 그의 파트너 작가 **아니**의 48
섬유작업을 연상시킨다. 색채에 대한 그리고 빛과 같은 요소들에 의하여 어떻게 영향 받는가에 대한 그의 관심은 남은 일생동안 지속되었다.

앞 페이지. *그림 그리드 속의 조각*, 요제프 알베르스, 1921

유리, 철사 그리고 금속판

African Chair

12

아프리카 체어

마르셀 브로이어, 군타 스퇼츨

1921

아프리카 체어는 유명한 바우하우스 학생 2명에 의해서 만들어졌다. 그러나 그것은 바우하우스에서 의도한 것은 아니었다. 다섯 개의 다리를 가진 왕좌처럼 생긴 이 의자는 활용적이라기보다는 장식품으로 보인다. 거칠게 제단된
42 두꺼운 오크나무 조각들은 **마르셀 브로이어**에 의하여 채색되어 두꺼운 질감을 갖는다. 의자 상부의 구멍은 줄기를 서로 이어주는데 활용되며,
34 **군타 스퇼츨**에게는 일종의 직조 공간을 만들어낸다. 그녀의 다채색의 추상적인 패턴들은 의자의 프레임과 함께 효과적으로 드러난다.

의자가 물리적으로나 바우하우스의 역사에 관한 여러 문헌으로부터 오랜 기간 동안 사라졌기 때문에 약간 의외이다. 의자는 2004년이 되어서야 다시 발견되었다. 바우하우스의 초기시기에 만들어진 오브제들 중 하나의 사례이다. 표현주의적이고, 독특하며 장인의 역할을 기념할 수 있는 작품이다. 이 작품은 브로이어에 의하여 1949년 아프리카 의자로 알려지게 되었다. 사실 1923-4년 바우하우스의 작품 앨범에는 로맨틱 체어로 수록되었다.

브로이어와 스퇼츨은 바우하우스에서 그들이 작업할 당시 공동작업을 지속했다. 심지어 그 당시에도, 그들의 아프리카 체어는 진행 중인 과정으로 표현되었다. 다른 의자에서 볼 수 있는 필름 스타일의 표현은 1926년 출간된 바우하우스 잡지에 소개되었다. 나무로 만들어진 아프리카 체어는 마치 첫 번째 작품인 것처럼 보인다. 그리고 아프리카 체어는 데스틸에 고무된 **슬레티드체어**를 20
거쳐서 팔걸이 스틸관 체어로 이어졌다. 그런 띠 형태는 미래에 대한 즐거운 예측을 가능하게 한다. 탄성을 갖는 공기 관에 앉은 여자를 떠올릴 수 있다.[1]

아프리카 체어에 대한 아이 웨이웨이의 경의

2009년 데사우 바우하우스 재단의 위원회에 대한 응답으로, 중국인 예술가 아이 웨이웨이는 아프리카 체어에 대한 경의로 문화적인 교류에 관한 문제들을 탐구했다. 그의 의자 또한 왕좌처럼 생겼지만, 브로이어와 스퇼츨의 오크로 만들어진 뚜렷한 유럽적인 매개체는 전통적으로 중국에서 사용되는 재료인 대나무로 대체되었다.

앞 페이지. 아프리카 체어
마르셀 브로이어와 군타 스퇼츨, 1921
사진

BAUHAUS PRINTS:

NEW EUROPEAN GRAPHICS

13

바우하우스 프린트 : 새로운 유럽의 그래픽

1921–4

새로운 정신[1]을 대변하는 독일, 러시아, 프랑스, 이태리의 60여명의 중요한 예술가들은 1921년 바우하우스의 회람장을 읽었다. 이로써 바우하우스의 인쇄물을 다루는 범위는 윤곽을 얻게 되었다. 야심찬 5장의 인쇄된 포트폴리오 세트는 국제적인 참석자들에게 판매를 위하여 제작되었다. 포트폴리오는 학교작업에 대하여 여전히 이해되지 않았던, 혹은 받아들여지기 어려웠던[2] 것들을 소개했다.

45 후기 **바우하우스 책**과 마찬가지로, 중요한 프로젝트는 유럽 아방가르드와 연관되어 있었고 바우하우스의 내부와 외부의 후원자들과 함께 진행되었다. 그러나 중요한 목표는 돈을 마련하는 것이었고 예술가들의 인쇄물의 판매는 예술학교에서 일반적인 일이었다. 프로젝트는 희망하는 바와 같이 바우하우스를 빛낼 수 있는 이익을 생산하는 것이었다.[3]

라이오넬 파이닝거는 워크숍에서 표지에서부터 디자인 그리고 공들인 인쇄까지 프로젝트의 모든 측면들을 감독했다. '나는 진정으로 무서울 만큼 할 일이 많지만, 바우하우스 마스터로서 모두 받아들이고 있고 반드시 끝까지 해내야한다'고 그의 아내에게 썼다. 포트폴리오는 완전히 나의 손에 달려있고, 결국 우리 조직의 경의를 표하기 위해 창조될 것이라고 했다.[4]

첫 번째 포트폴리오는 바우하우스의
마스터들의 작품을 소개하는
것이었는데 **바실리 칸딘스키**의 27
추상작품에서 **파울 클레**의 14
에로티시즘 그리고 파이닝거의
큐비스트적인 작품에 이르는 다양한
스타일의 작품들을 소개했다. 그 동안에 관료주의적인 어려움에 의하여 이루어질 수 없게 된 프랑스 포트폴리오는 페르낭 레제, 앙리 마티스, 파블로 피카소와 같은 예술가의 작품을 포함시키고자 하였으나 결국 발간될 수 없었다.

그러한 발간 지연은 고객들의 불평을 샀다. 그것은 포트폴리오가 직면한 유일한 어려움은 아니었다. 포트폴리오의 발간은 가격을 결정하고 지속적인 이익을 계산하기가 거의 불가능하게 만든 극심한 인플레이션과 우연히 겹쳤고, 대중 시장에서의 판매는 저조했다. 기대에 훨씬 못 미치는 수익 때문에, 프로젝트는 데사우로 이전하면서 취소되었다. 수익을 얻기 위한 요구는 항상 절실했다.

앞 페이지. 기쁨의 상승, 공립 바우하우스의 마스터 포트폴리오에서 바실리 칸딘스키, 1922

석판 인쇄

PAUL **KLEE**

14

파울 클레

마스터, 1920 – 31

바우하우스에서 11년간, 파울
클레는 학교의 실험정신을 반영했고
학교의 명성을 높였다. 그는 1920
년 바우하우스에 일원이 되었다.
그해, 그는 '예술은 시각적인 것을
재생산하는 것이 아니라 시각화하는
것이다'라는 유명한 첫 문장이 있는
'창조적 고백'을 발간했다.[1] 결국
출판, 금속, 그리고 글래스페인팅
워크숍의 마스터로 임명된 클레는
5 ***보르쿠스*** 과정에 헌신했다. 그는
적어도 3,000 장 이상이 공들인
강의 준비물을 남겼다. 비록 파울
클레의 순수한 스타일을 통해
걸러졌어도, 세네치오는 기하학적인
형태에서 가면 같은 외관에 이르는
분명한 바우하우스의 창작물이었다.
32 29 세네치오는 **램프** 혹은 **체스판**처럼
생겼다.

그러나 클레의 이론들은 바우하우스의
정책과 항상 일치하는 것은 아니었다.
그는 바우하우스가 기계적인 세계로
향해가는 것과 마찬가지로 본질을
강조했다. 그가 믿기로, 예술 작업
과정은 그 결과물의 형식보다도 더
중요했다. 그는 학생들에게 가능한
한 가장 개성적인 방식들로 필요한
디자인을 발명함으로써 과제를
4 완성하기를 요구하는 **요하네스 이텐**을
연상했다.[2]

클레는 개인적인 작업을 위해서
시간을 내기 위해 고투했음에도,
교직은 그가 실험을 하도록 강요했다.
그 실험은 유화를 발전시키는
것부터 유화, 수채화, 템페라화
등 재료들을 하나의 캔버스 위에
결합시키는 것까지, 심지어 스프레이
기술을 창조하는 것에 이르렀다.
그는 1920년대에 파리와 뉴욕에서
개인 전시회를 여는 등 외부에서나
바우하우스 내에서나 매우 존경받고
있었다. '클레는 우리들의, 그리고
나의 특별한 신이다.'라고 **아니** 48
알베르스는 언급했다. 그리고
'하지만 신이 항상 그렇듯이 그는 멀리
있었다.'고 덧붙였다.[3]

다른 교수직을 받아들여 1931년
떠나면서, 클레는 그 자신의 작업에
더 많은 시간을 할애하기를 희망했다.
그러나 그의 야심은 좌절되었다.
'퇴폐예술' 전시에 참여하면서, 그의 작품
중 102점의 작품은 독일 미술관에서
제외되었다. 클레는 스위스로 돌아갔고
그의 상징들을 지속적으로 혁신하였다.
가장 유명하게 사용된 그 상징은 추상
표현주의자들에게 거대한 영향을
끼쳤다.

앞 페이지. 바우하우스
스튜디오에서 파울 클레, 1924
사진

'퇴폐 예술'

독일어로 퇴폐예술, Entartete
kunst는 나치 정권에 의하여
현대 예술 작업들을
묘사하는 비판적인 용어로
사용되었다. 1937년, 나치
정부는 100개의 독일
미술관을 돌면서 20,000개
작품을 몰수했다. 퇴폐예술
전시에는 '독일 감성의 모욕'
으로 여겨지는 650개가 넘는
압수된 작품들이 있었다.[4]
바우하우스의 멤버였던
요제프 알베르스, 라이오넬 47
파이닝거, **요하네스 이텐**, 4
바실리 칸딘스키, **오스카** 27
슐레머, 물론 파울 클레 역시 17
퇴폐예술로 범주화되었다.
몰수된 작품들의 베를린
자유 대학 데이터베이스를
통한 검색은 **새로운 유럽풍** 13
그래픽 프로젝트를 위해
제작된 인쇄물들 역시 퇴폐
예술작품이었다는 것을
보여주었다.

위. *세네치오*, 파울 클레 1922.
캔버스 위 오일

Bauhaus colour theories

15

바우하우스 색채 이론

색채는 바우하우스 예술가들에
의하여 이론적으로 그리고 실질적으로
5 탐구되었다. 그리고 ***보르쿠스***
과정에서 학습되었다. 색채에 대한
바우하우스에 의해 발전된 개념의
뿌리들은 근대적인 것이 아니었다.
27 **바실리 칸딘스키** 그리고 **요하네스**
4 **이텐**은 괴테의 색채 이론에서 영감을
받았다. 괴테의 색채 이론은 1911년
칸딘스키의 책 '*예술에 있어 정신성에*
관하여' 보다도 한 세기나 먼저
발간되었는데 개인의 지각에 바탕을
둔 색채의 심리학적인 개념이었다.

바실리 칸딘스키의 서로 다른
28 색채의 **원, 사각형, 삼각형**의 연관은
바우하우스와 연관된 것이지만,
14 **칸딘스키**와 **이텐**에 의하여 고무된
파울 클레는 보르쿠스 교육에 색채
교육을 도입하였다. 클레는 색채가
운동과 결코 분리될 수 없는 것으로
믿었고 비합리적인 요소로 언급했다.[1]
1922년 강의에서 묘사된 것과 같이,
색채는 너무 뜨겁고 거칠고 너무
달콤하며 너무 시고 너무 아름다울 수
있다.[2]

이러한 감각은 감정적으로 데사우
시기의 합리적 기계주의적 관점과
충돌하는 개념을 유도했다. 그리고
히네르크 셰퍼 그리고 **유스트** 44
슈미트는 화학자 빌헬름 오스트발트의 65
이론에 공감했다. 색채를 측정 가능한
것으로 만들고자 하는 그의 시도는 22
개 영역의 색상환을 만들어 냈다. 이
색상환은 이후에 바우하우스의 벽화
워크숍에 전시되었다.

이텐에게, 그러한 이론은 응용 예술의 칠 작업에 쓸 만한 것은 아니었다. 그는 1961년 '*색채의 예술*' 책에서, 색채의 이름이 정확히 개념과 일치하지 않는다면, 색채에 관한 어떠한 논의도 불가능하다고 했다. 또 음악가가 12 단계의 반음계를 들을 수 있어야만 하는 것과 마찬가지로, 12 색조를 보아야만 한다.[3] 이텐의 색상환은 12 색을 사용하여 수직적으로 어두운 색으로부터 밝은 색까지 걸쳐 배열한다. 수평적으로는 동일한 밝기의 색상을 배열한다. 색을 찾기 위하여 사용자는 하나 혹은 둘, 셋 또는 네 가지 방향을 따라 탐색해야 한다.[4] 이텐은 책에서 가장 널리 활용될 수 있고 바우하우스 색채 이론의 탄생을 이해할 수 있는 내용을 제시했다. 그것은 따뜻한 색과 차가운 색의 대비였다.

앞 페이지. 12색조와 색상환 7단계의 명암을 갖는 색상환
요하네스 이텐, 1921
드로잉

The ceramics workshop

16

도자 워크숍

1919–25

아주 짧은 동안 유지되었으나, 바이마르 시기, 도자 워크숍은 학교의 평판을 구축하는데 도움을 주었다. 디자인을 생산하고 수익을 가져온 여러 시도 가운데 첫 번째 워크숍이었다.

바이마르로부터 25km 떨어진 도른부르크에서의 도자 작업을 바탕으로, 워크숍은 식자재를 재배하고, 도자 흙을 파고, 가마를 만들기 위한 재료를 모으는 등의 매일의 도전을 이어갔다. 성공적인 파트너십 관계였던 막스 크레한은 작업장의 주인이자 마스터였다. 게르하르트 마르크스는 조형 마스터였다. 1922년까지 이 워크숍은 호텔과 바우하우스에서 가치 있는 비커로 쓰일 500개의 머그잔을 만들어 냈다.

바우하우스의 다른 동료들과
1 마찬가지로, **그로피우스**는 워크숍의 디자인을 수공예작업으로부터 더 나아가 독창적인 작품으로 만들고자 했다. 그리고 더 많은 사람들에게 받아들여 질 수 있는 훌륭한 작품을 만들기 위한 방법을 찾아보지 않는 것은 완전히 잘못된 것이라고 언급했다.[1] 테오도르 보글러와 오토 린디히는 워크숍 내에서 그로피우스의 요구를 따랐고, 산업과의 관계를 확립했다. 보글러의 매우 널리 칭송받는 주방용 주전자의 원작품이 **하우스 암 호른**에 전시되어 있다. 그 22
주전자는 도자 공장에서 생산되었다.

보글러의 찻주전자 세트는 도자기를 산업화하기 위한 시도였고 모듈을 가진 주전자로 만들어졌다. 손잡이, 주둥이, 뚜껑과 기본이 되는 몸체가 결합되고 다양한 변형을 만들 수 있다. 대량 생산을 하기에는 매우 복잡했지만, 인기가 입증되었고 워크숍은 그것들을 만들기 위해 많은 시간을 할애해야 했다는 것을 의미했다. 교육과 생산 사이에 문제가 있는 관계를 강조하면서, 마르크스는 생산은 그 자체로 목적이 되도록 해서는 결코 안 된다는 것이다.[2]

놀랍게도, 개척을 위한 노력 이후, 워크숍은 바우하우스가 데사우로 이전함과 동시에 폐쇄되었다. 도자 워크숍을 바우하우스 전체의 필수적인 구성이라고 여겼던 **라즐로 모홀리 나기**는 독일의 꽤 37
큰 도자 공장에서 워크숍을 다시 열수 있도록 후원하기를 희망했다.[3] 그러나 그렇게 되지 못했다. 오토 린디히는 바이마르에서 계속 도자를 가르쳤던 반면에, 데오도르 보글러는 산업체에서 짧게 일했고 이후 사제직에 몸담았다.

보글러의 모카 머신, 1923

모카 머신을 위한 디자인은 바이마르 바우하우스 도자와 금속 워크숍에서 놀랄 만큼 인기가 있었다. 아마도 초콜릿을 데우는 방법과 커피를 거르는 방법 두 가지가 요구되는 그들이 제시한 도전 때문이었을 것이고, 매우 감각적인 오브제이기도 했기 때문이다. 도예작가들로부터 생산된 가장 잘 알려진 작품 중 하나로서 테오도르 보글러의 바우하우스 주전자들 가운데 대체로 가장 혁신적인 것으로 묘사되었다.[4] 그의 찻주전자 세트와 같이, 모카 머신은 다섯 부분으로 이루어진 서로 다른 모듈로 구성된다. 이론적으로 도자 워크숍의 주조 기술의 발전에 의하여 이 모듈은 대량생산이 가능했다. 산업 도자의 개념을 발전시키기 위한 그로피우스의 요구에 응답한 것일 뿐 아니라, 수공예와 산업적으로 만들어진 아이템은 근본적으로 차이가 있어야 한다는 보글러의 개인적인 믿음의 결과였다.[5]

앞 페이지. 모카 머신
테오도르 보글러, 1923
도자

OSKAR **SCHLEMMER**

17

오스카 슐레머

마스터, 1921 – 9

회화, 조각, 연극 : 오스카
18 슐레머에게 인간은 **바우하우스
로고**에서 보이듯이 항상 중심에 있다.
인간은 시각적 세계에서 가장 고귀한
56 주제이다.[1] 그는 심지어 **인간 교과
과정**을 가르치기도 했다.

처음에는 조형 마스터로서 벽화 부분에서 교육했다. 1922년부터 1923년까지 슐레머는 석재와 목재 조작 워크숍에서 지도했다.
그의 역할에서 보자면, 그는
예술과 건축을 통합시키고자 하는
1 **그로피우스**의 요구를 떠올리게
만들었다. 그로피우스는 1923년
21 **바우하우스 전시**에 대한 제안서를
쓰면서, 회화와 조각에 위대한 시기에 가졌을 기능들을 부여해야 한다고 언급했다. 공간과 벽체의 창조로서 건축의 부분으로서의 기능을 부여하고자 했다.[2] 주목할 것은, 슐레머는 바이마르 시기 건축물에, 반복되는 부조를 창조하거나 엷은 색조 시멘트로 거대한 추상적인 형상들을 만들었다. 그러나 어떠한 대가도 없이, 워크숍은 목적을 찾기 위해 고군분투했다. 슐레머에게, 자유로운 예술을 생산하는 것은 해답이 될 수 없었다. 왜냐하면, 우리의 양심은 우리 자신을 속일 수 없기 때문이다.[3] 그럼에도 불구하고, 어떤 자유로운 예술이 생산되었다. 슐레머는 바우하우스 전시회에서 그로테스크 1을 전시했다. 원시적인 형상을 한 인간은 만화 같은 입술과 눈을 가지고 있다. 그 형상이 금속 기둥 위에서 회전했을 때, 조각은 회전함에 따라 놀라움의 과정들을 드러내야만 한다는 슐레머의 믿음을 강화시켰다.[4]

그는 무대 워크숍의 수장으로 1923
년부터 29년까지 공간에서의 신체의
개념들을 탐구하였다. ***삼부작 발레***와 93
같은 작업에서 조각적인 의상을 사용하여 신체를 예술적인 형상으로 변화시켰다. 그러한 관심은 그의 회화에서도 확인할 수 있다. 1929년 작품 '무용수'에서, 대상의 다리와 몸통은 과장된 형상들과 일반적이지 않은 각도에 의해 변형되어 있다.

슐레머는 1928년 7월에 바우하우스를 떠났다. 극장과 무용에 대한 그의 관심은 점점 사그라졌다. 바우하우스 이후, 그의 경력은 정치적인 환경에 의하여 단절되었다. 그의 작업은 퇴폐 예술로 비난받았다. 그는 1943년 심장마비로 사망했다.

위. *무용수,*
오스카 슐레머, 1922-3
캔버스 위 오일

앞 페이지. 바이마르 바우하우스를 위한 복원된 벽화
오스카 슐레머, 1923. 복원 2000년대.
벽화

Design for the Bauhaus logo

18

바우하우스 로고 디자인

오스카 슐레머

1922

1921년 10월 12일, 바우하우스의 마스터 위원회는 새로운 인장의 디자인을 요구했다. 인장은 바우하우스 작업을 확인할 수 있다. 그렇게 함으로써, 바우하우스의 이름 아래, 가치 없는 작품들이 여기저기
17 나타나는 것을 막고자 했다. **오스카 슐레머**에 의하여 만들어진 디자인은 여러 변형들이 있었지만 더 전문적인 이미지를 만들어가며 엽서, 편지, 포스터와 생산물에 나타났다.

슐레머는 '신 인간'의 얼굴을 제시한다. 신 인간은 바우하우스가 제공할 수 있는 교육의 약속이었다. 그것은 독특한 디자인은 아니었으나, 1914년 슐레머는 새로운 예술 살롱 Neuer Kunstsalon을 광고하기 위하여 굴절된 얼굴 윤곽을 사용하였다. 그는 넥카토르에 오픈한 이 살롱에서 교육하였다. 날카로운 선들과 각들로 이루어진 로고는, 틀림없이 현대적이고 그 기하학적 윤곽은 러시아의 구성주의 디자인을 연상시킨다. **카를 피터 룁**에 의한 더 8
지역적인 영향을 받은 기장과 비교하면, 슈레머의 로고 디자인은 바우하우스의 새로운 방향을 상징한다. 이 로고는 **유스트 슈미트**와 **요제프 알베르스**의 65 47
의해 만들어진 1923년 **바우하우스** 21
전시 포스터에서 확인된다. 그 전시는 바우하우스의 산업화로 향하는 흐름을 선언하는 전시였다.

동심원 내부에 디자인이 적용된 경우, 로고는 메달 혹은 주화의 이미지를 연상시키며 즉각적으로 진정성을 부여한다. 로고는 새로운 그리고 미래를 향한 세계를 창조하고자 하는 바우하우스의 야심을 자랑스럽게 진술하고 있다.

마리 카트란주의 2018 가을/겨울 패션 컬렉션

이 로고는 지속적으로 바우하우스와 밀접하게 연관되어 있다. 마리 카트란주의 2018 가을/겨울 패션 컬렉션에 포함된 바우하우스의 모티브들의 하나로서 2018년 첫 번째 패션쇼 무대를 만들었다. 카트란주는 그 깔끔한 기계적인 선들을 그보다 앞선 빅토리아 시대 패턴들과 대조시키는데 활용했다.

앞 페이지. 바우하우스 로고
오스카 슐레머, 1920년대 초반.
디자인

Design for the Chicago Tribune Tower

19

시카고 트리뷴 타워 디자인

발터 그로피우스와 아돌프 마이어

1922

나는 건축물을 세우고 싶었다... 현대적인 방식들로 현대를 표현하는 건축물. 이 경우에는 건축물의 기능을 분명하게 표현하게 될 철근 콘크리트 구조를 가지고 있다.[1] **발터 그로피우스**가 그 초기에 회고적으로 언급한 것과 같이, 그로피우스와 아돌프 마이어는 시카고 트리뷴 신문사를 위한 새로운 건축물을 디자인하는 공모전에 작품을 제출했다. 그의 정보 수집은 다소 잘못되었지만, 그들의 등장은 적갈색의 칠을 한 철재부품으로 이루어진 강철 구조를 규정했다.[2] 그러나 그 디자인은 지어질 수 없었기 때문에, 디자인은 수정사항을 적용할 수 있었다. 시간이 지나면서, 이 디자인은 근대 시기의 지어지지 않은 대표적 건축 디자인이 되었다.

미국의 초고층 빌딩들은 독일 건축가들을 사로잡았다. 특별히 그들에게 가능한 주택 사업에 있어서 그러했다. 이 공모전은 형태를 언급할 수 있는 흥미로운 기회였다. 트리뷴 공모전의 265명의 참가자들 가운데, 독일에서 32명이 참여했다. 그로피우스와 마이어에 의한 디자인은 평지붕의 모습을 하고 있었고 사실상 장식을 벗겨냈다. 그러한 모습은 미국의 공장들을 찍은 사진에서 훌륭하다고 판단한 부분이었다. 평지붕은 신고딕 디자인의 승리자였던 존 메드 하웰즈와 레이몬드 후드의 작품과는 놀랍도록 대조적이었다. 심지어 그로피우스와 마이어가 마지막 후보자는 아니었다.

바우하우스 건축에 있어서, 디자인은 도시화와 산업화를 향해 움직이는 새로운 방향을 제시했다. 그러나 그러한 디자인이 처음 나타났을 때 그리 합리적으로 받아들여지지 않았다. 예를 들어, 발코니는 순수하게 장식이었다. 한편, 비평가들은 미국 건축에 나타나는 유럽적인 표현을 폄하하는 경향이 있었고, 그 표현을 본질적인 정수의 증거라고 보았다. 지그프리트 기디온의 '*공간, 시간, 건축*'(1941)은 모더니즘이 미국 건축과 맺는 무의식적인 관계성을 묘사했다.[3] 그로피우스는 이후 자신이 1922년 미국에 근대 건축을 가져왔다고 주장했다. 그러나 누구도 그것을 이해하지 못했다. 이 생각은 문화에 스며들었다. 1949년 영화 '마천루'에서, 단호한 근대 건축가 하워드 로악에서 보인다. 비장한 얼굴로 그로피우스가 좋아할만한 평면 앞에서 지어질 수 없다는 단어 'Not Built'를 휘갈겨 쓰는 모습을 보여준다.[4]

시카고 *트리뷴* 공모전에 늦은 등장

트리뷴의 공모전의 국제적인 흥미는 1920년대 이후가 지나서야 퍼졌다. 1980년대 건축가 스탠리 타이거맨과 스튜어트 코헨은 공모전에 늦게 참여하도록 초대되었다. 타다오 안도와 프랭크 게리와 같은 건축가들에게 디자인 제출을 요청한 상황이었다. 만약 1922년의 작품 선정이 모더니즘의 시작을 보여준다면, 그것은 건축계에 팽배했던 관심으로서의 그 출발을 보여주는 것이었다. 타이거맨이 썼듯이, 우리는 문화적 기원에서 공식적인 의미를 찾고자 하는 열망을 갖는 세대이며 이제 모더니즘의 무기력함은 우리 시대 뒤로 남겨질 것이다.[5] 더 최근에 2017 시카고 건축 비엔날레에, 국제적인 논의를 확장시킬 목적으로, 15명의 동시대 건축가들은 짧은 문장에 대한 답변을 요구받았다. 하지만 더 중요한 발전이 진행 중이었는데, 1922년에 선정된 하월즈와 후드의 디자인은 최근에 트리뷴에 의하여 개발업자들에게 팔렸고 아파트와 호텔로 변경되었다.

앞 페이지. 시카고 트리뷴 타워를 위한 디자인 발터 그로피우스와 아돌프 마이어, 1922
건축 렌더링

SLATTED CHAIR

20

나뭇조각 의자

마르셀 브로이어

1922

43 **바실리 의자**에서 보이는 것과 같이
12 바우하우스를 **아프리카 체어**로
표현주의적인 경향으로 나타내든
42 산업적인 경향으로 나타내든, **마르셀 브로이어**의 디자인들은 시대의 정신을 연상시켰고 물리적으로 제작되었다. 그 두 디자이너의 디자인 사이에서, 새로운 또 다른 중요한 디자인이 탄생했다. 나뭇조각 의자, 격자 의자 혹은 TI1a로 알려진 것으로, 공식적인 이름을 부여 받아야 했다. 의자가 만들어진 시기, 1922년, 브로이어는 여전히 학생이었다. 이 의자는 바우하우스의 생산물 중에 중요한 대표작으로 여겨졌다.

분명한 디자인의 비교 대상은 게리트 리트벨트가 디자인한 데스틸 스타일의 레드 블루 의자이다. 1918년 만들어지고 널리 알려진 리트벨트의 의자는 비슷한 기울기의 좌석, 직사각형으로 다듬어진 팔걸이, 그리드 형태의 프레임을 가지고 있다. 아마도 브로이어의 미래 의자에 비해 더 중요할지도 모를, 리트벨트의 디자인은 의자의 필수적인 요소들을 드러냈다. 좌석과 프레임은 의자를 지지한다. 이후, 나뭇조각 의자를 평가하면서, 브로이어는 편안하게 앉는다는 것과 함께 가장 단순한 구조의 문제가 그 시작점이라고 언급했다.[1] 의자는 각 부재들을 교체하는 것 이상의 이유 때문에 두꺼운 의자 커버를 제거하고 완전히 노출된 디자인을 창조했다. 그 경사진 좌석은 그 위에 허벅지와 등 부분을 받치고자 의도했고 척추에 자유를 부여하고자 했다.[2]

의자는 또한 **그로피우스**가 1
바우하우스에서 만들어지기를 간절히 원했던 생산물의 한 종류를 제시하는 것이었다. 그 작품은 대량생산이 가능했다. 나뭇조각 의자는 직각의 동일한 너비를 갖는 나무 각재를 사용하여 상대적으로 저렴했고 만들기 쉬웠다. 1924년 여름부터 1925년 봄까지, 바이마르 바우하우스에서 26개의 나뭇조각 의자는 만들어졌다. 바실리 체어의 수량과 비교하자면 극히 적은 숫자였다. 바우하우스를 위해서는 애석하지만, 브로이어는 후자의 저작권을 계속 유지했다.

앞 페이지. 나뭇조각 의자
마르셀 브로이어, 디자인 1922,
제작 1924

THE BAUHAUS EXHIBITION

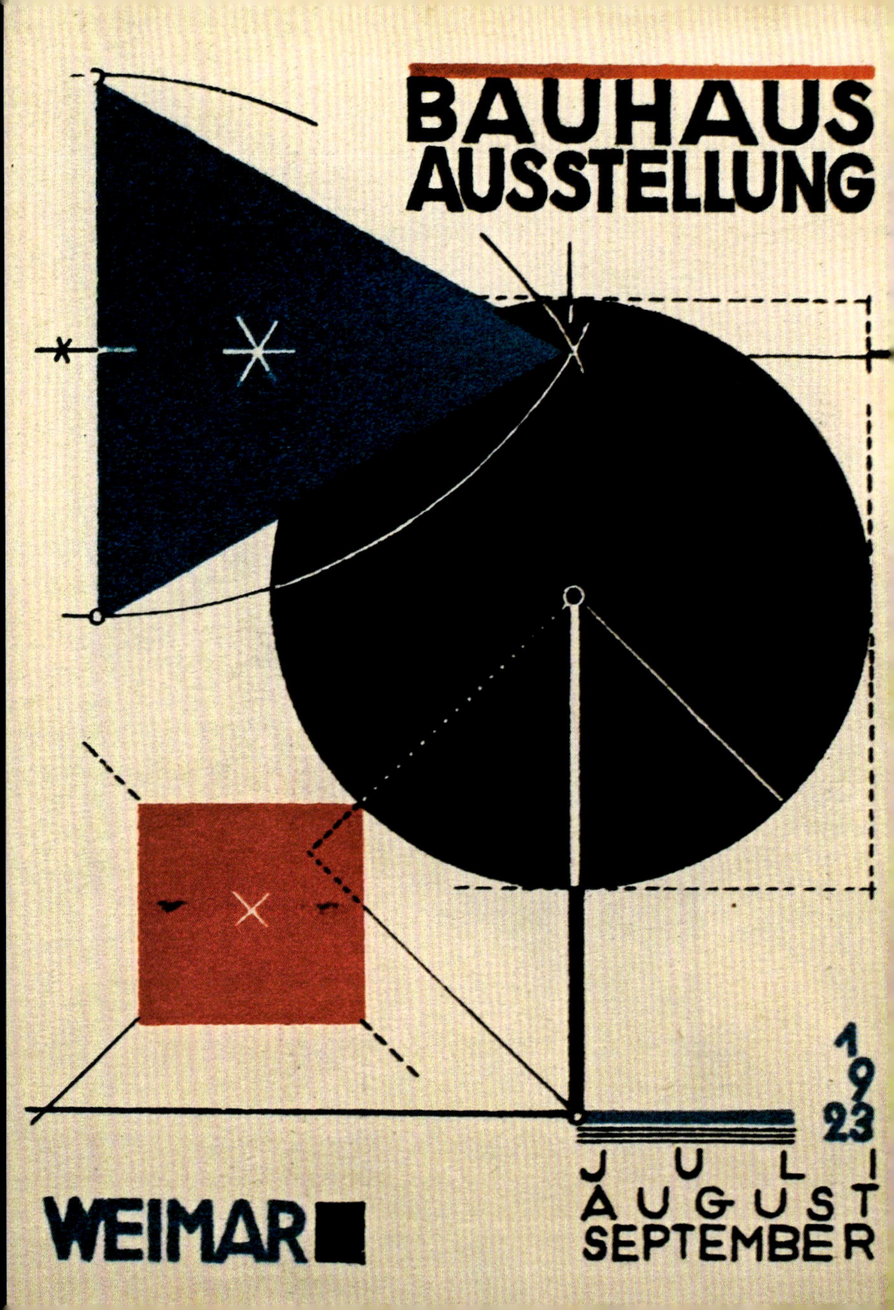

21

바우하우스 전시

1923

'나는 새로이 생성되는 세계를
주시하고 있다.'[1] 예술 역사가
지그프리트 기디온은 1923년 8월과
9월에 열린 바우하우스 전시에 방문한
뒤 언급했다. 바우하우스가 지금까지
1 성취한 것에 대한 전시회는 **발터
그로피우스**의 오프닝 연설에서 제시된
바와 같이, 실현되기를 열망하는
25 '**예술과 기술 – 새로운 통합**'을
보여주었다.

그로피우스, 직원 그리고 학생들은
기념할만한 이벤트를 만들기 위하여
전시회(국채의 요구)의 기회를
최대한 활용했다. 전시회들은 그의
일생과 후에 바우하우스의 중요한
자기광고 수단이 되었다. 작품의
인상적인 배치는 워크샵 생산품의
쇼케이스에서부터 지역 미술관에
전시된 회화, 그리고 건축물의 가치를
높이기 위한 벽화와 조각품까지 볼 수
22 있게 했다. 한편, 실험적인 **하우스 암
호른**은 건축과 인테리어에서 새로운
아이디어를 선보였다. 강연과 연극도
있었는데 바우하우스 주간을 재미있게
93 만들기 위한 ***삼부작 발레***의 초연도
일부였다. 그리고 르 꼬르뷔제와
프랭크 로이드 라이트가 제작한
뛰어난 모델들을 다룬 '국제적인
건축학' 전시는 바우하우스를
동시대의 담론들 내에 위치시켰다.

엄격한 통화 제한에도 불구하고, 예산의 20%는 광고, 홍보 문구의 인쇄 그리고 산업과 연계를 구축하기 위한 의도로 계산된 여행 등에 쓰였다.[2] 마케팅은 특별히 디자인된 철도 포스터, 공용 엽서, 그리고 처음으로 신문 사진을 포함했다. 함께 제작된 카탈로그는 근대 건축운동[3]의 첫 번째 훌륭한 출판물로 묘사되며 새로운 타이포그래피에 있어서 바우하우스의 발전을 증명했다.

'바이마르에서의 3일이면 평생 동안 볼 충분한 사각형을 볼 것이다.'[4]고 비평가 파울 베스트하임이 불평했다. 그러나 전시는 에리히 리스너를 황홀하게 만들었다. 그는 바겐펠트의 바우하우스 램프, 마르셀 브로이어의 의자, 보글러의 찻주전자, 그리고 하르트비히의 체스 말을 포함한 예술 작품들에 크게 감명받았다.[5] 리스너는 이후에 바우하우스가 쇼에 입혀놓은 많은 메시지의 번역들 중 하나를 이후에 등록한다.

앞 페이지. 바우하우스 전시, 바이마르, 헤르베르트 바이어, 1923
엽서

Haus am Horn

22

하우스 암 호른

게오르그 무헤

1923

현대적으로 보이는 집 앞에서 서로
엉켜있는 나체의 연인이 보인다.
파르카스 몰나르의 에칭에, 건축물은
하우스 암 호른이고 연인들은 그
건물의 건축가인 게오르그 무헤,
그의 아내 엘이다, 그것은 바우하우스
이상의 전형이다. 그 디자인은 무헤가
주장한 젊은 사람들은 아름답고
... 즐겁고 실용적인[1] 환경에서 살
수 있다는 의도와 의미의 건축적인
언급이었다. 초 인플레이션
시기동안 계획된 하우스 암 호른은
사업가 아돌프 조머펠트에 의하여
후원받았다. 사실, 이 건축물과
10 베를린의 **조머펠트 하우스**는 바이마르
시기 바우하우스에 의하여 실현된
유일한 건축프로젝트였다.

학생들의 무기명 투표에서 **발터**
1 **그로피우스**의 디자인을 패배시킨,
무헤의 큰 거실 주변에 중심적인
역할을 하는 아트리움 스타일은
상당히 전통적이다. 하지만 다른
측면들은 실험적 주택으로서 그
위치에 상응하는데 특히 건축
구조에서 그러하다. 1923년
21 **바우하우스 전시**를 위하여
4개월간 건축되고 장식되었는데
프리패브리케이션의 개념을 실험했다.

그 축소된 바우하우스 건축물은
디자인된 내장재를 가지고 있으며 그
예로 **마르셀 브로이어**는 여성을 위한 42
방의 가구를 만들었다. 하우스 암
호른은 **아니 알베르스**가 후에 48
'경제적인 삶'으로 묘사한 개념을
사로잡았다.[2]
이미지가 아닌 절묘한 색채가 벽체를
장식했고 베니타 오테와 에른스트
겝하르트에 의하여 디자인된 작은
맞춤 주방이 포함된 혁신들을
장식했다. **요제프 알베르스**는 47
작은 맞춤 주방에 있는 청소하기
쉬운 작업대는 주부들이 최소한의
작업으로 최상의 청결을 이룰 수 있게
해준다고 묘사했다.[3] (심지어 급진적인
바우하우스에서도, 여성은 요리사,
청소부, 보모로 인식되곤 했다.)
아이들 방은 알마 지드호프 부셰에
의하여 디자인되었는데, 다채로운
색의 **목재 장난감**이 배치되고 낙서가 24
가능한 벽체로 마감되었다.

하우스 암 호른은 그로피우스가
건축에서 개진한 유연성과 모듈러
원칙들이 부족하지만, 여전히 오늘날,
유네스코에서도 바우하우스의 중요한
작품으로 남아있다. 데사우에서,
그로피우스는 그의 주거건축 이론을
실제화하기 위한 기회를 얻을 수
있었다. **데사우 퇴르텐**에 가격이 53
알맞은 대중 주택 공급에서부터 더
부르주아적인 **마스터의 주택들**까지 50
작업했다.

맞춤 주방

크리스틴 프레더릭의 영향력이 있는 미국 논문에 따르면, 주부의 효율성은 20세기 초기에 중요한 관심사이자 주제였다. 그 논문은 1913년의 가정 관리 분야의 효율성 연구를 다룬 '새로운 살림'이다. 하나의 결과는 실험적인 프로젝트에서 맞춤 주방의 발생이다. 이 맞춤 주방은 하우스 암 호른에서 볼 수 있을 뿐 아니라 안톤 브레너의 1924년 비엔나 리빙 머신 프로젝트에서도 볼 수 있다. 그리고 브루노 타우트에 의하여 1926년에 베를린 젤렌도르프에서 활용되었다. 하지만 가장 유명한 사례는 1926-7년 그레테 슈테 리호츠키에 의하여 디자인된 프랑크푸르트 키친이다. 이 작품은 가장 경제적인 공간의 활용을 연구한 어른스트 메이의 값비싼 연구의 결과였고 10,000여개가 넘는 프랑크푸르트 주택에 설치되었다.

앞 페이지. 하우스 암 호른 빌딩, 바이마르
게오르그 무헤, 건축 1923

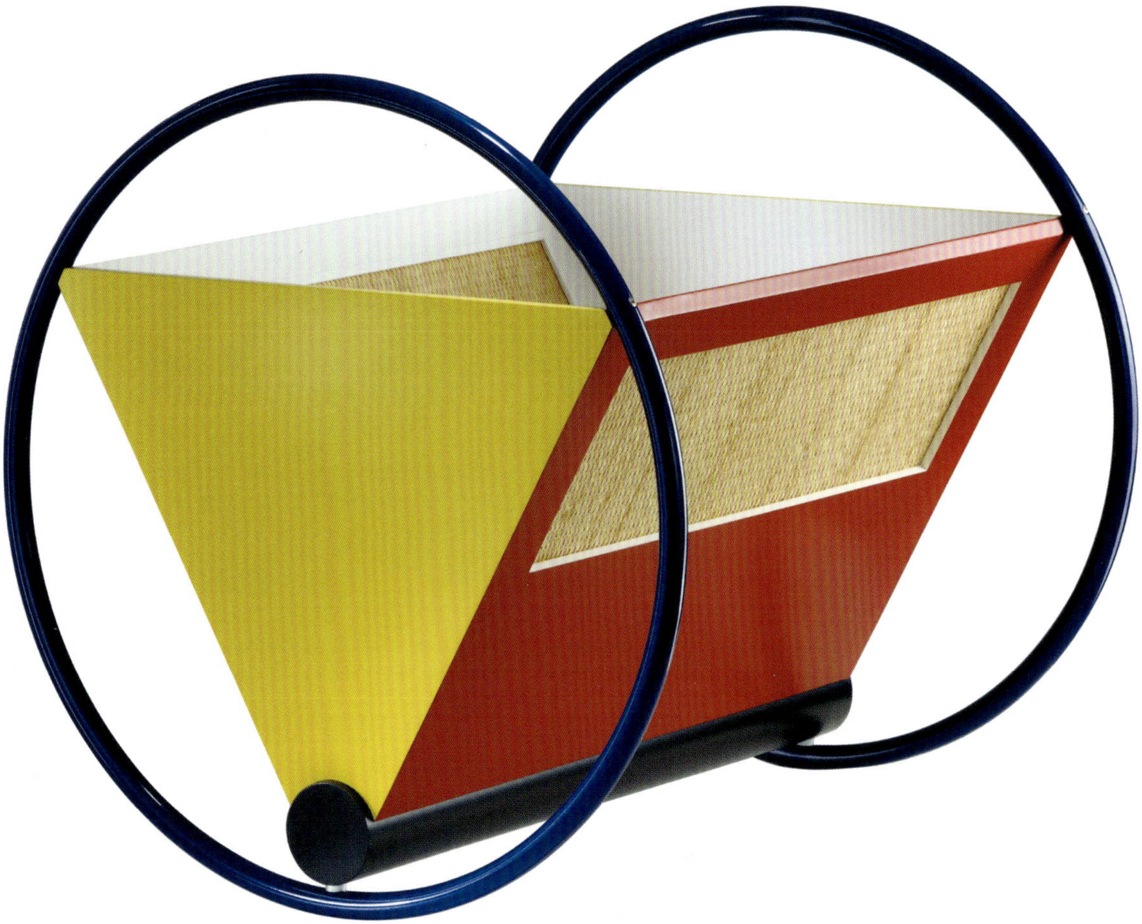

BAUHAUS CRADLE

23

바우하우스 요람

피터 켈러

1922

28 이 요람에는, 색채와 형태(**원, 삼각형,**
27 **사각형**)에 연관된 **바실리 칸딘스키**의
이론이 활용되었다. 파란색 원, 빨간색
사각형, 노란색 삼각형은 간단히
오브제를 장식하는 것이 아니라
이들 자체가 오브제를 형성한다.
페터 켈러는 벽화 워크숍에서
칸딘스키에게 수학하였다. 켈러는
원으로 요람의 바닥 나무를 만들고
삼각형으로 요람의 단부를 만들었다.
삼각형의 꼭짓점은 무게중심 아래로
가리킨다. 붉은 사각형은 요람의
측면을 구성한다. 최종적으로 빛과
공기가 통할 수 있도록 버들가지로
창을 만들었다. 색칠하고 래커칠을
한 나무로 만들어진 요람은 켈러에
22 의하여 **하우스 암 호른**의 침대
디자인을 위하여 담당한 작업의
일부이다. 당시 그는 20세였다.
그러한 디자인은 바우하우스의 이상이
변화하는 흐름을 제시한다. 그 이상의
흐름은 **발터 그로피우스**의 1923 1
년 **바우하우스 전시 '예술과 기술'** 21 25
강연에서 이미 방향을 제시한 것이다.
학생들은 그들의 노력을 어떠한
방향으로 디자인에 쏟을지 안내받았고
디자인은 사회에서 실용적으로
적용되었다.

잘 알려져 있음에도, 이러한 아이템들은 오직 최근에서야 요람으로서 팔리기 시작했다. 켈러의 아들이 그의 초기 작품에서 첫 수개월간 잠을 자는 동안, Tecta 회사에서 1970년대에 처음으로 대량생산했고 잡지 수납대로 광고했다. 그럼에도 불구하고 요람은 바우하우스의 상징 중 하나가 되었다. 그것은 2017년 2월, 바이마르의 새로운 바우하우스 미술관의 1층 완성 기념식에서 쓰인 화환이 요람의 형태를 띠고 있었다는 것만으로 증명되었다.

앞 페이지. 요람
페터 켈러, 1922

Small Ship-Building Game

24

배 만들기 놀이

알마 지드호프 부셰

1923

알마 지드호프 부셰는 완전히 완성되지 않은 어떤 장난감에 집중했다. 아이들이 발전시킬 수 있는 장난감, 사실 어떠한 것을 추구하고 연구하는 장난감이었다.[1] 그녀는 아이들을 위한 디자인에 관하여 언급했고 동시에 바우하우스에서의 교육 정신을 논의하고 있었다. 1922 년에 등록했고, 목재 조각 워크숍을 맡기 전에 지드호프 부셰는 (5) ***보르쿠스*** (4) 과정을 **요하네스 이텐**과 맡았다. 이텐은 작업과 놀이를 하나로 연결시킨 것으로 유명했다. 또한 학생들에게 장난감 만들기를 과정의 부분으로 요구하기도 했다.

그녀의 가장 유명한 배 만들기 놀이에 관하여 지드호프 부셰는 말하기를, 이것은 그 어떠한 것도 되기를 원하지 않는다. 큐비즘도, 표현주의도 아니다. 오래된 블록 놀이의 원칙에 바탕을 둔 부드럽고 각진 형태로 만들어진 단지 재미있는 색채의 놀이이다.[2] 장난감은 서로 다른 형태의 배열을 통해서 다르게 작동한다. 전통적으로 직각의 모서리를 갖는 블록과 마찬가지로 곡면의 모서리들을 갖는 블록들을 결합시킨다. 블록은 배의 형태를 만들어 내도록 활용할 수 있다. 동시에 아이들의 상상력으로부터 다른 오브제를 만들어 낼 수도 있다. 22개의 블록 조각은 수납되기 전에 보관용 직사각형 블록에 깔끔하게 채워 넣는다.

지드호프 부셰는 아이들을 위한 물건에 집중하는데 매우 독창적이었다. 그리고 **하우스 암 호른**에서의 그녀의 (22) 작업으로 높게 평가받았다. 왜냐하면 그녀가 이 게임을 고안했기 때문이다. 그녀의 장난감은 아이들의 작은 뇌에 불필요한 짐이 될 동화를 거부한다. 대신에 분명하고 특별한 그리고 가능한 한 조화로운 것을 목적으로 한다.[3] 요제프 하르트비히의 **체스 세트**와 함께, (29) 이 장난감은 목재 조각 워크숍에서 만들어낸 가장 초기에 주목할 만한 오브제 중 하나이다. 그리고 파울 콜하스 회사에 의하여 1924년 매입되어 생산되었고 데사우 바우하우스에서 팔았다. 이 장난감은 지드호프 부셰의 디자인에 있어 성서와 같다. 장난감은 여전히 네프에서 생산되고 있으며 오늘날 단순히 '바우하우스 만들기 게임'[4]으로 판매되고 있다.'

앞 페이지.
배 만들기 놀이
알마 지드호프 부셰, 1923

'ART AND TECHNOLOGY– A NEW UNITY'

25

'예술과 기술–새로운 통합'

1923

21 1923년 **바우하우스 전시**는
당시까지의 성취를 보여주는 것일 뿐
1 아니라 **발터 그로피우스**의 강연
'예술과 기술–새로운 통합'은 학교를
위한 미래의 방향성을 제시했다.

7 전시는 그의 초기 **성명**에서 밝힌
중세의 공예 모델들로부터 벗어났음을
제시했다. 그것은 수공예적이면서도
표현적인 디자인들을 만들어 냈다.
그로피우스는 기술은 예술을 필요로
하지 않지만, 예술은 기술을 매우
4 필요로 한다고 했다.[1] **요하네스 이텐**의
37 출발 그리고 **라즐로 모홀리 나기**의
합류로, 새로운 관점들이 커리큘럼에
통합되었다. 수공예 작업은 단지
목적을 위한 필수불가결한 도구가
되고 있었다.[2] 그해가 지나서
그로피우스는 훨씬 더 직설적으로
표현했다. 오래된 공예 워크숍은 산업
연구소로 발전해갈 것이다. 그들의
실험들로부터 더욱더 산업화된
생산물을 만들어 낼 것이다. 공예의
교육은 대량 생산을 위한 디자인을
준비하는 것을 의미한다고 보았다.[3]
당연히, 이러한 흐름은 의혹을 가지고
14 있었던 사람들에게 환영받았다. **파울
클레**는 학생들에게 기능을 발휘하는
기계적인 방식은 나쁘지 않으며
일상의 방식은 훨씬 훌륭한 무엇이 될
수 있다고 했다. 그리고 삶은 이러한
상황을 낳고 재생산한다. 노후된
기계는 언제 새로운 교체된 것인가?
라고 했다.[4] 학생이었던 브루노
아들러는 '예술과 기술'의 새로운
표어와 과거의 문제들은 새로운
문제들로 교체되어 왔다고 주목했다.[5]
마리안느 브란트의 **티 인퓨저**와 같은 31
디자인, 요제프 하르트비히의 **체스** 29
세트, 그리고 **바우하우스 램프**가 32
새로운 요구를 위한 해답으로서
창조되었다고는 하지만, 1920년대
이후에나 바우하우스의 디자인들은
대량생산이 가능해졌다.

외부의 경제적 상황이 도움이
되기도 했다. 1923년 2월 화폐
개혁이 일어났다. 반면에 1924
년 초에 도스계획의 추가는 독일
산업을 안정화하고 더 많은 투자를
이끌어내는데 도움을 주었다. 새로운
생산품을 시장으로 내놓는 창구가
실제로 가능해졌고 1929년 금융가의
공황이 일어나기 전까지 유지되었다.

마르셀 브로이어의 어린이 의자

마르셀 브로이어의 어린이
의자는 그로피우스의
강연에 의해 예고된
흐름을 현실화했다. 여전히
바우하우스 워크숍에
전시되어 있는데, 대량으로
생산되었다. 이보다 앞선
나뭇조각 의자와 같이 20
브로이어의 디자인은 좌석과
등판의 경사를 보면, 게리트
리트벨트의 영향을 보여준다.
브로이어의 이 시기 다른
디자인들과 마찬가지로,
기능에 따라서 색채를
부여했다. 서로 다른 색채들은
그 좌석과 프레임에 배열된다.
이 작업은 바우하우스에
있어서 초기의 성공작이다.
1924년 여름부터 25년 3
월까지 262개의 어린이
의자가 만들어졌고 이는
나뭇조각 의자보다도 10배
이상 생산된 것이다.

앞 페이지. 어린이 의자와 테이블, 마르셀 브로이어, 1923

F51ARMCHAIR

26

암체어 F51

발터 그로피우스

1920

그의 건축은 대체로 재정적인 한계 이상의 비용이 들었음에도,
1 바우하우스 시기의 **발터 그로피우스**의
원본 디자인은 오늘날에도 구매할 수 있고 다소 쉽게 접근할 수 있다. F51 암체어는 바이마르 교장실에 두기 위해 디자인되었다.

F51 의자는 신기한 디자인으로 되어있다. 비록 이 의자가 부피는 컸으나 경쾌함이 있다. 팔걸이는 좌석 위에 떠 있는 듯이 보인다. 등받이는 바닥에 닿지 않는다. 소파의 커버는 떼어냈고 이 디자인의 구조 프레임
75 작업은 이후 루드비히 **미스 반 데어
로에**가 디자인한 의자에 영향을 끼쳤다. 이러한 특성에도 불구하고, 그 첫 인상은 의심할 여지없이 입방체이다.

그로피우스의 바이마르 사무실은 사실 모두 큐브다. 단지 암체어 혹은 그와 어울리는 소파에서 뿐 아니라 게르트루트 아른트가 디자인한 카펫 디자인에서도 볼 수 있다. 그로피우스가 디자인한 잡지 보관대와 조명 설치에도 큐브가 보인다. 파티션과 들어 매달린 천장은 사무실의 공간, 그 자체로 큐브를 만들기 위해 사용되었다. 정확하게 한 변이 5m(16$\frac{1}{2}$ft)인 큐브를 완성한다. 전체 계획의 부분으로서 의자의 마감은 레몬 옐로우로 되었는데 밝은 옐로우의 천장과 상응한다. 모든 요소들은 서로 한께 통합되어 작용한다.
서로 다른 바우하우스의 **워크숍**에서 6
작업한 오브제들을 사용하며 오피스는
종합예술을 대변한다. 3

1923년 **바우하우스 전시**를 바라보며 21
오피스는 완성되었다. 이 오피스는 또한 1919–23년 사이의 바이마르 공립 바우하우스의 카탈로그에 다시
소개되었다. **루시아 모홀리**에 의하여 38
사진을 남기고 **헤르베르트 바이엘**에 58
의하여 드로잉된 디테일한 색채의 형식에서 볼 수 있는 것은 바이마르를 넘어선 청중들에게 오피스이자 쇼룸으로 만들어졌음을 알 수 있다.

데사우의 교장의 사무실이 훨씬 덜 경직된 방식으로 장식되었다고 해도, 그로피우스는 바우하우스의 워크숍에서 생산된 새로운 가구와 나란히 F51 암체어 중 하나를 사무실에 포함시켰을 것이다. 오늘날, 우리는 어떻게 F51 암체어(현재 Tecta사에 의하여 대량생산되고 있다.)를 가장 잘 전시할 수 있는지와 어떻게 이 작품이 우리 자신의 인테리어 계획을 돋보이게 할 수 있는지를 결정할 수 있다.

앞 페이지. 바이마르 바우하우스의 발터 그로피우스 오피스의 아이소메트릭 드로잉 헤르베르트 바이엘, 1923

드로잉

WASSILY KANDINSKY

27

바실리 칸딘스키

마스터, 1922 – 33
부교장, 1923 – 33

바이마르에 도착하기 이전에 이미 높이 평가되고 있었던, 바실리 칸딘스키는 오늘날 20세기 가장 중요한 예술가 중 하나로 여겨진다. 그는 바우하우스의 시각적 언어를 형성하는데 결정적인 역할을 했을 뿐 아니라 그의 교육, 저술, 예술을 통해서 세계에 바우하우스적 개념을 옮겨 놓았다. 그는 300여개의 유화, 수백여점의 수채화를 생산했다. 그리고 학교에 재직시절 셀 수 없이 많은 드로잉을 남겼다.

칸딘스키는 러시아 혁명이 있은 후 그의 모국에 환멸을 느껴 독일에 도착했다. 그는 이미 국제적인 아방가르드에 있어 중요한 인사였고 '예술에 있어서 정신적인 것에 관하여'라는 영향력 있는 에세이를 출간했다. 그는 바우하우스에 가져다 줄 수 있는 명성을 인식했고, 그로피우스는 그에게 벽화 워크숍의 마스터가 되기를 요청했다.
82 칸딘스키는 학교가 **폐쇄**될 때까지
그곳에서 작업했다.

그는 그의 결론이 논리적이라기 보다는 훨씬 직관적임에도 불구하고 과학적 엄격성을 교육에 적용했다. 벽체는 칸딘스키에 의하면, '재료의 실체'로서 색채와 그 창조적인 힘을 탐구하는 것으로 보았다.[1] 그의 예비
과정은 친구인 **파울 클레**와 발전시킨 14
것으로, 추상적인 형태 요소들과 해석적인 드로잉에 관한 수업이 포함되었다. 물론 색채에 중요한 세미나도 포함되었다. 칸딘스키와
클레는 데사우의 **마스터의 주택지**에서 50
벽이 붙어 있는 옆집에 살았다.

그의 **바우하우스 책**, '점, 선, 면' 45
은 체계적으로 회화의 요소를
연구했다. **원, 사각형, 삼각형**과 같은 28
기하학적 형태도 포함되었다. 그의 예술과 예술적인 실험들은 정확하게 동시대인으로서 우리가 삶에 관하여 느낀 방식과 일치했다고 학생이었던 우르술라 슈가 설명했다. 우리는 오래된 관습들을 깨트리는 것을 사랑했다. 마치 우리는 새로운 지식을 고정시키고 공식화하는데 있어 정밀함을 사랑한 것 같다. 그 시대가 어떤 시대라고 해도, 그리고 그 어떠한 예술적 표현의 형식들이라고 해도 상관이 없었다.[2]

바우하우스에서, 칸딘스키는 추상성의 가능성을 완전히 탐구하고자 하는 표현들을 뒤로 남겨둘 수 있었다. 그의 놀랄 만큼 복잡한 구성들, 균형 잡힌 선, 형태와 색채는 정신성을 향해가는 그를 가리킨다. 그것은 그의 제자들에게 있어, 그들이 나아가야할 방향이었다.

앞 페이지. *옐로우-레드-블루*
바실리 칸딘스키, 1925
캔버스 위 유화

Circle, square, triangle

28

원, 사각형, 삼각

푸른 원, 붉은 사각형, 노란 삼각형. 이 다채로운 형태의 조합은 필연적으로 바우하우스와 관계가 있다. 이것이 우주적인 지각이 될 수 있는 개념은 2013년과 같은 최근에야 학문적으로 실험되었다.

형태에 색채를 부여하는 것은 보편적인 형태를 창조하는 바우하우스의 시각을 규정한다.
27 **바실리 칸딘스키**는 내적인 요구가 형태의 색채를 결정한다고 주장했다. 푸른 원은 우주적이고 흡수적이고 여성적이며 부드럽다. 사각형은 역동적이고 남성적이다.[1] 그래서 붉은 색인데 반해 삼각형의 예각들은 본질적으로 노란색을 만들어낸다. 1922–3에, 이러한 이론은 학생들의 벽화 워크숍에 의하여 퍼트려진 설문지와 함께 실험되었다. 얼마나 많은 설문지가 답변되었는지는 알려지지 않았다. 오직 두 가지 실험만이 알려져 있는데 그 결과는 대다수가 칸딘스키에 동의했다는 것만 확인된다.

17 그러나 반대자들도 있었다. **오스카 슐레머**는 석양 혹은 레드 와인 병의 바닥과 같이 원은 붉은 색이라고 주장했다. 1920년의 원고는 그로피우스가 정신과 남성성의 상징으로서 삼각형을 빨강과 연관시켰고 물질과 여성성에 관련된 파란 사각형과 대비시킨 것을 보여준다.

그럼에도 불구하고, 칸딘스키의
작업은 1923년 **바우하우스의 전시**를 21
통해 보여준 것과 같이 가장 영향력이 있게 되었다. 계단실에 그림을 그렸든 페터 켈러의 바우하우스 요람에
실현했든 말이다. **바우하우스의 폐쇄** 23
이후에도 다시 떠올랐다. **헤르베르트** 58
바이엘은 뉴욕의 1938년 바우하우스 전시의 출입구와 1968년 전시를 위한 포스터와 카탈로그 표지에 칸딘스키의 작업들을 통합시켰다. 68년 전시는 거의 10년 이상 세계를 돌아다녔다. 이 전시는 대중의 의식에 이 형태들과 바우하우스의 개념들 사이에 연결을 이어주도록 도왔다.

21세기 칸딘스키 이론의 실험

칸딘스키의 이론은 바우하우스 학생들의 설문지보다도 더 과학적인 수단에 의하여 실험되었다. 2002년의 연구[2]는 비예술전공 대학생들의 대략 과반수가 삼각형에 붉은색을 그리고 원에 노란색을 채색하였다는 것을 보여준다. 짐작하건데, 바우하우스 이론을 형상들을 넘어서 경고를 위한 삼각형과 태양의 형상들을 선택한다는 것이다. 2013년, 12개의 다른 형상들을 보게 하였던 다른 연구[3]의 참여자들은 특별히 그러한 연관관계를 배제하도록 요구받았다. 그 연구는 본질적으로 형태와 색채 사이에 연관관계가 편향되어 있다고 결론 내렸다. 가장 강한 상관관계는 노랑과 삼각형 사이에 존재했고 그리고 빨강과 사각형 사이에 존재했다. 칸딘스키의 예술적인 발견은 부분적으로 확실한 것으로 드러났다.[4] 부분적으로는 원의 형상들과 빨강 색채사이에 강력한 연관관계 또한 존재한다.

앞 페이지. 원, 사각형, 삼각형을 활용한 바우하우스 전시 포스터
헤르베르트 바이엘, 1968

포스터

Chess Set

29

체스 세트

요제프 하르트비히

1924

일상적인 활용을 위한 것은 아니지만, 이것은 즉각 인식 가능한 오브제다. 최고의 바우하우스 디자인과 같이, 요제프 하르트비히에 의해 만들어진 체스 세트는 우리에게 무엇이 진정 필요한 것인가에 대하여 질문하도록 한다. 체스는 일반적으로 묘사하기를, 보드를 가로질러 서로가 대립하여 맞서는 군사, 왕, 여왕의 전쟁이다. 그러나 당시 목재와 석재조각 워크숍의 작업을 위한 마스터였던 하르트비히는 20세기와 그 이후에 왜 그러한 것이 문제가 되어야 하는가를 논의했다. 일단 체스 말의 자연적인 형상의 모습이 부여되고 동시에 유일한 이동 경로가 되는 상황에서, 체스 게임의 동시대적 의미는 체스 세트의 부분들을 추상적으로 디자인하도록 유도했다.[1]

그는 체스 세트의 형상을 찾고자 하는 유일한 사람은 아니었다. 데스틸의 아티스트 빌모시 후자는 기존의 말들의 추상적인 버전의 체스 세트를 만들었다. 하르트비히는 체스 세트를 완전히 다시 생각했다. 그의 조각들은 단순히 바우하우스의 기하학적 형상들로 추상화됨으로써 변형된 것은 아니다. 오히려 체스의 부분들이 움직일 수 있는 방식으로 변형된 것이다. 각각의 말들은 게임에 있어서 중요성을 지시할 만큼의 크기가 주어졌다. 그리고 형상은 그 말의 움직임에 의하여 결정되었다. 그래서 대각선으로 움직일 수 있는 비숍은 단순히 십자형으로 으로 만들었다. 졸은 보드의 가장자리를 따라서 평행하게 움직일 수 있기에 큐브로 만들었다. 그리고 여왕이 소유한 큐브의 위에는 여왕이 창을 가지고 있으므로 그녀의 이동방식을 의미했다.

카드보드 박스로 정확하게 맞춰서 채워 넣을 수 있도록 한 체스 세트의 포장과 홍보문은 **유스트 슈미츠**에 65 의하여 디자인되었다. 그는 신선한 그래픽과 타이포그래피를 사용하여 체스 세트의 모더니티를 강조했다. 디자인은 지속적으로 인기를 끌었다. 당시에는 워크숍에서 수작업으로 조각하였다. 현재는 Naef에 의하여 1981년부터 대량생산되어왔다.

아티스트의 체스 세트

하르트비히는 내전시기에 체스 세트를 다시 디자인하는데 관심이 있었던 유일한 작가는 아니다. '모든 아티스트들이 체스 플레이를 하는 것은 아니었지만, 모든 체스 플레이어는 아티스트들이다.' 라고 아티스트 마르셀 뒤샹은 언급했다. 그는 일생동안 체스에 푹 빠져 있었다. 아니나 다를까, 그는 그 자신의 체스 세트를 1919년에 만들었다. 그리고 뒤샹의 친구이자 자주 게임을 벌였던 친구 만 레이 역시 자신의 체스 세트를 만들었다. 만 레이의 세트는 1920년 초반에 디자인되었고 그의 스튜디오에서 오브제의 추상화된 버전들은 바이올린의 마지막 장식과 같은 특징을 갖게 되었다. 그리고 여전히 오늘날 구입이 가능하다. 그러한 가운데, 2012년, 런던의 사치 갤러리는 16명의 아티스트에게 그들 자신의 체스 세트를 만들도록 요청했다. 하르트비히의 체스 조각들은 즉각적으로 이해 가능하도록 의도된 그들의 기능에 따라 결정되었지만, 이러한 버전들은 데미안 허스트의 약병으로부터 레이첼 화이트리드의 인형의 집 가구 컬렉션 복제품에 이르기까지 디자이너들의 예술적인 몰두를 반영했다.

앞 페이지. 체스 세트, 요제프 하르트비히, 1924

GERTRUD GRUNOW

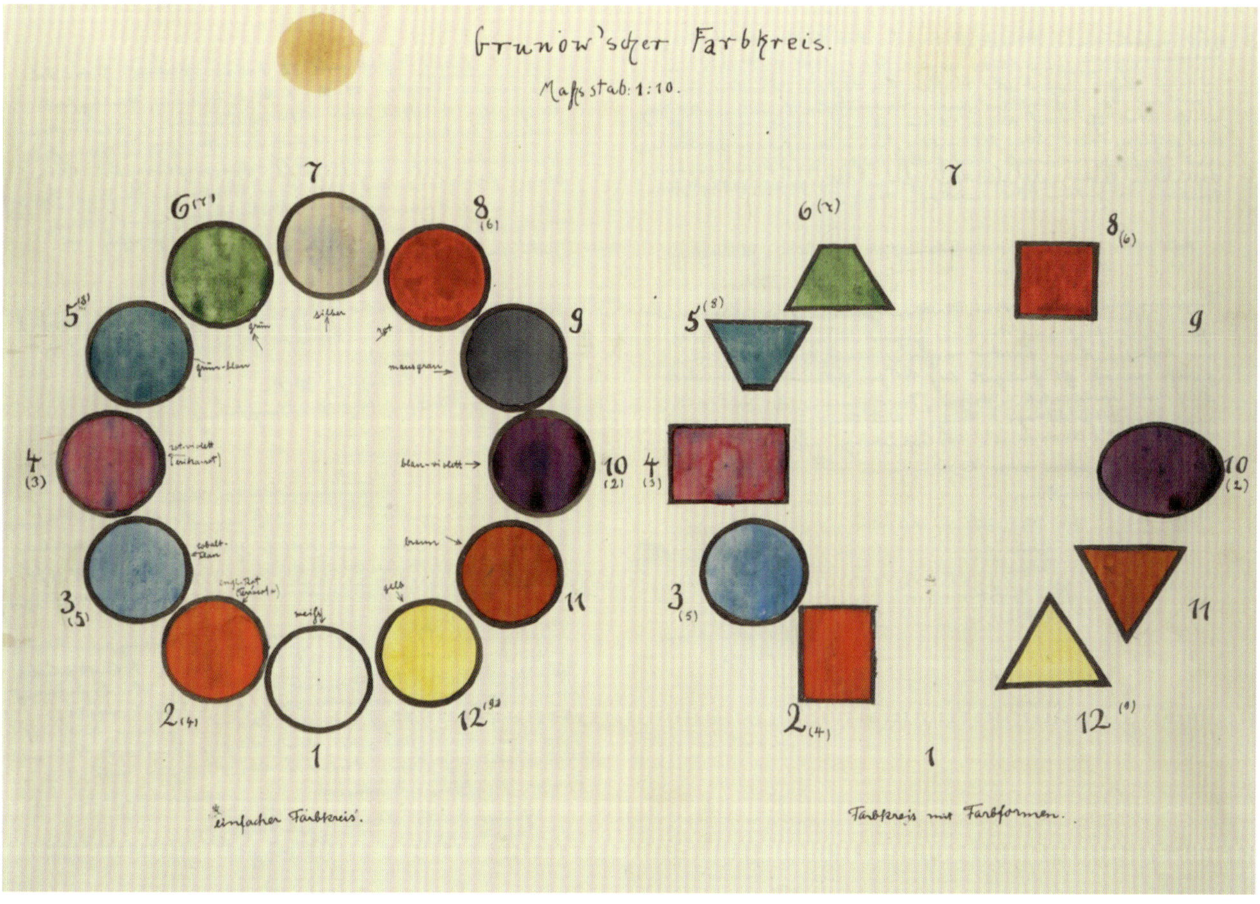

30

게르트루드 그루노프

교수, 1919 – 24

그루노프는 모더니티의 문제들에 대한 해답은 내부로부터 얻어질 수 있다고 믿었다. 음악가였던 그녀는 자신의 음악적 교육 이론들을 소리, 색채, 움직임의 균형을 통해 조화를 얻고자 하는 것에 집중하여 발전시키고 가르쳤다.

그녀의 배경에 대하여 알려진 것은
4 거의 없지만, **요하네스 이텐**이 그녀의
강연을 보고 그녀에게 바우하우스로
올 것을 요청했을 때 그루노프는
50대였다. 그녀의 환경과 조화를
이루며 사는 삶의 창조적인 필요성에
강조는 그 자신의 생각을 떠올리게
했다. 그녀의 소리와 색채의 연계는
27 **바실리 칸딘스키**의 이론과 서로
공명한다. 그루노프의 수업은 방치된
감각을 일깨우기 위한 일련의 자세와
색상환을 바탕으로 이루어졌다.
그의 수업은 예비 과정에 있는
학생들을 위하여 고안되었으나
그녀는 학생들의 모든 학습 단계에서
14 가르쳤다. 또한 **파울 클레**, 이텐과
같은 마스터들의 수업도 포함되었다.
참가자들은 색채에 집중할 것을 요구
받았고 색채에 의하여 방향을 제시
받을 것을 요구 받았다. 방직기술자
엘스 모겔린은 파란색 춤을 출 것을
요구받았을 때의 당혹감을 떠올렸다.[1]
그루노프의 교육은 1922년 6월
출판된 규정집에서는 훨씬 공식적인
자세를 취했다. '훈련의 전체 과정을
위하여 실무적으로 소리, 색채, 형태의
동일한 토대에서 조화된 수업이
주어질 것이며 그 목표는 각각의
요소의 물리적이고 심리학적인 특성의
균형을 제시하는 것이다.'[2] 그녀의
평가 의견은 학생들의 **워크숍** 선택에 6
영향을 미칠 수 있었다.

그루노프는 또한 바우하우스
비평가들에게 희생양이 되었다. 누군가
쓰기를, 미치광이의 정신병동에
딱 맞는 사람이라는 처지가 된
그녀는 바우하우스 체계의 피해자로
묘사된다.[3] 그러한 비평은 그녀의
해고에 영향을 끼쳤다. 1923년 10
월의 마스터 미팅은 다음과 같이
기록했다. 이 과정의 확실하고 분명한
효과[4]가 아직도 성취되지 못했고
그루노프는 1924년 4월 바우하우스를
떠났다. 그녀는 유럽을 움직이며
교육을 진행했다. 그러던 와중에,
바우하우스에서는 **칼라 그로쉬**와 69
다른 예술가들의 작품에서 볼 수 있는
다소간 이론화된 형식으로 그녀의
실질적인 작업이 가치를 얻기 시작했다.

앞 페이지. 색상환, 게르트루트 그루노우의 수업
일세 베텐하임 훼르네케, 1924
스케치

TEA INFUSER

31

티 인퓨저

마리안느 브란트

1924

2007년 금속재 티 인퓨저는 7.6cm(3in) 높이에 $361,000에 팔렸다. 바우하우스 디자인으로서 인상적인 판매량과 매출 기록을 가지고 있다. 모델 no. MT49가 공식적인 이름인데, 바우하우스의 단순한 기하학을 3차원적으로 재생산한 것이다. 잠재적으로 작은 가정용 소재는 놀라운, 조각적인 그리고 거부할 수 없는 현대성을 생산했다.

60 디자이너, **마리안느 브란트**는 그녀가 금속 워크숍에 부임한 첫해, 주둥이로부터 뚜껑, 손잡이까지 모든 디테일을 고려하였다. 1923년 저널리스트 퓨크스가 묘사하기를 점진적으로 이와 같은 주전자가 어떻게 이처럼 훌륭한 도구가 될 수 있는가를 이해하게 될 것이다. 심지어 주둥이는 더 이상 물방울을 흘리지 않을 방식으로 만들어졌다. 그러한 기술적인 관찰을 통해서, 이 기능적인 제품의 아름다움은 한순간에 드러난다. 얼마나 우아하고, 얼마나 정교하고, 얼마나 매력적이고, 얼마나 장난기 있는 "진지한" 객관성이 존재할 수 있는가![1]

37 **라즐로 모홀리 나기**에 의하여 자극받아, 브란트는 금속 워크숍의 첫 번째 여성 학생이 되었다. 그녀는 남성과 동등하게 받아들여지기 위해 고투했다. 그녀는 잘 변형되는 새로운 은판으로 반구체를 힘들게 두드려 작업했던 것과 같이, 어떻게 처음에 따분하고 암울한 작업을 수행하게 되었는가를 묘사한다.[2] 반구체는 물론 MT49의 형태를 만들어낸다. 그러한 기하학적 형태는 대량생산에 훨씬 쉽다는 것이 널리 받아들여졌다.

MT49는 결코 대량생산되지 못했다. 이 작품은 기계시대의 모습을 갖는다. 그러나 수공예로 만들어졌다. 그리고 잔존한 작품들은 모두 그 희소성과 독창성으로 인해 더욱 가치가있다. 티 인퓨저는 1924년에서 29년 사이에 만들어졌다. 황동, 청동, 은의 다양한 조합이 사용되었다. 그 제품은 황동에 은을 도금한 버전의 제품은 판매 기록을 세웠다. 이 제품에도 불구하고 MT49 모델은 진정한 산업적인 디자인을 만들기 위한 과정으로 기록된다. 브란트는 바우하우스에서 6년 동안, 열망하던 제품들을 지속적으로 만들었다. 오늘날 그녀의 티 인퓨저와 같이, 사람들이 찾는 제품은 아니었다.

앞 페이지. 티 인퓨저
마리안느 브란트, 1934 경

BAUHAUS **LAMP**

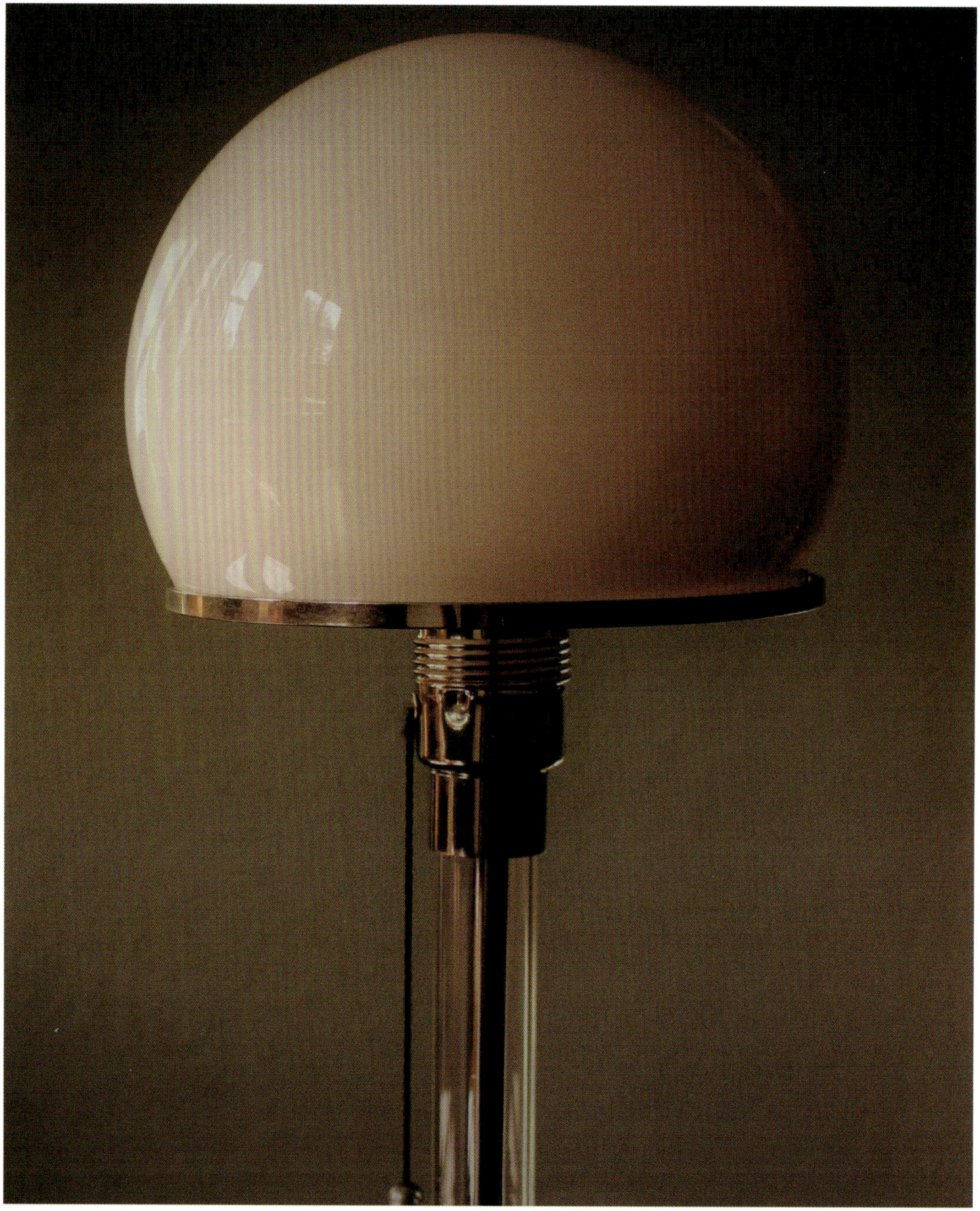

32

바우하우스 램프

빌헬름 바겐펠트

c.1923–4

대부분의 사람들이 간단히 '바우하우스 램프'라고 인식하고 있는 것은 매우 복합한 역사를 가지고 있다. 그 단어는 하나의 작품을 지칭하는 것이 아니라 개략적으로 비슷한 시기에 디자인된 두 개의 램프에 사용된다. 그 중 하나는 금속 기둥과 받침을 갖는 MT8이고 다른 하나는 유리 기둥과 바닥을 갖는 MT9이다. 둘다 모두 시대의 정신을 구체화한 것이며 산업사회의 유리와 금속을 주거에 가져온 것이며 바우하우스와 관련 있는 원과 원기둥의 형태를 기념하는 것이다. 심지어 끈으로 당기는 스위치가 볼 끝에 달려있다. 1924년 빌헬름 바겐펠트는 램프가 바우하우스의 디자인과 연관되어 있던 두 가지 특성을 실현시켰다고 썼다. 시간과 재료를 사용하는데 있어서 가장 큰 경제성과 불필요한 장식을 제거하는 것 즉, 그 형태에 있어서 가장 큰 단순성이다.[1]

37 **라즐로 모홀리 나기**는 1923년 금속 워크숍의 조형 마스터가 되었다. 그는 그의 워크숍이 산업디자인을 위한 것이 되도록 노력했다. 1924년 봄 라이프치히 무역 박람회에 램프의 금속 버전을 제출할 계획을 가지고, 모홀리 나기는 바겐펠트가 칼 야콥 융커의 초기 실험을 떠올릴만한 유리 버전을 제작하기를 제안했다.

동료 금속공예가 **마리안느 브란트의** 60
티 인퓨저와 같이, 산업 생산물처럼 31
보이는 것은 실은 수작업에 의한 것이다. 바겐펠트는 그 디자인이 라이프치히에서 얼마나 웃음거리가 되었는지를 연상한다. 왜냐하면, 기계기술에 의하여 비싸지 않게 만들어 진 것과 같이 보이는 것이 사실은 극단적으로 비싼 공예 디자인이었기 때문이다.[2]

그러나 램프의 인기는 계속되었다. 다음해 가을까지, 적어도 80개의 금속 받침대의 램프가 생산되었고 45개의 유리 재질의 램프가 생산되었다. 1928년부터 이 두 버전은 슈비쳐 앤 그라프사에서 생산되었다.

그 이후 10년간 램프의 역사는 달라졌다. 융커는 1960년대 이전 언젠가 더 정리된 버전이 것을 생산했고 바겐펠트는 1931년과 1980년에 그의 디자인을 다시 조정했다. 바겐펠트의 버전은 이마고와 테크노루멘에서 각각 생산되고 판매되었다. 2005년에 법원은 최종적으로 바우하우스 램프는 바겐펠트에게 귀속된다고 결정하였다.

앞 페이지. 바우하우스 램프 빌헬름 바겐펠트, 1924

Parties and festivals

33

파티와 페스티발

'당신은 어떻게 기념할지 이야기 하시오. 나는 당신이 누구인지를
17 이야기 해 줄테니.'[1] **오스카 슐레머**가 이야기 했다. 축제와 파티의 일정 달력은 바우하우스 생활에 간간히 휴식이 되었다. 그로피우스의
7 **선언문**에서 예상되었듯이, 작업의 긴장과 서로 다른 경제적 정치적 상황에서의 해독제가 되었다. 바이마르시기, 기념식들은 네 번의 축제에 맞춰졌다. 랜턴 페스티벌, 미드섬머 페스티벌, 카이트 페스티벌, 율 페스티벌의 네 번의 축제는 한 달에 한 번 가장무도회와 연속되는 댄스파티가 함께 열렸다.

데사우의 기념식들, 오스카 슐레머의 책임은 점점 전문적이 되어갔다. 준비 주간은 광고와 초청이 이루어졌다. 1926년 3월 20일, 화이트 페스티벌은 공식적으로 커다란
36 페스티벌이며 **데사우의 새로운 건축물**을 축하하기 위해 이루어졌다. 아마도 호화로운 정점이 되었을 1929년 2월 금속 페스티벌이었다. 순수한 금속의 즐거움을 위한 영역[2]에 들어서기 위하여 손님들은 파티룸으로 밀려들어갔다. 건축물은 양철로 둘러진 벽체, 금속판의 유리창, 채색된 전구 등으로 빛나고 번쩍거렸다.

바이마르 시기동안 하모니카의 역할을 했던 더욱 진지하고 즐거운 동작들의 바우하우스 댄스와 재즈를 연주하는
바우하우스 밴드가 열렸다. 파티는 35
우리들을 즐겁게 만들었다고 **마리안느** 60
브란트는 이야기 했다.[3] 짐작건대, 사람들은 함께 어울렸고 바우하우스의 학생과 마스터의 71명의 배우자들도 함께했다. 펠릭스 클레는 그러한 이벤트의 적절성에 관하여 기록했다. 분명히 어떠한 과도한 행동들도 일어나지 않았다.[4]

이러한 이벤트들은 바우하우스와 지역단체 사이에 관계를 만들어내는 것을 도왔다. 그 광경들의 리포트들은 데사우를 넘어서 멀리 퍼졌다. 라이프치히, 베를린 그리고 그 이상의 도시에서 흥이 넘치는 사람들이 몰려들었다. 금속 무도회가 있은 후, 데사우의 시장인 프리츠 헤세는 바우하우스와 시민들 사이의 어울림은 완벽했다고 적었다.[5]

그러한 분위기는 변화하였고 바우하우스는 우익 반대 세력으로부터 철저한 조사를 받게 되었다. 1931년 카니발 페스티벌은 거의 내부적인 것이었고 1933년 바우하우스가
폐교되기전 마지막으로 열린 큰 82
기념식이었다. 불행히도, 정치적 환경은 그 파티에 종지부를 찍었다.

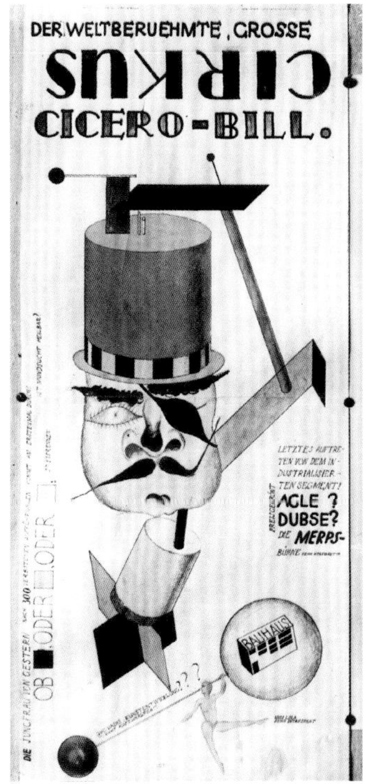

위. 포스터 광고.
바우하우스 페스티벌
작가미상, 1932

포스터

앞페이지. 건축가 하네스 마이어
검은 슈트와 금속왕관. 금속페스티벌에 참여하는 사람들. 1929-2.9.
작가미상, 1929

사진

GUNTA **STÖLZL**

34

군타 스퇼츨

학생, 1919–25
젊은 마스터, 1925–31

미학적인 통합체, 그리고 구성, 형태, 색채 그리고 본질의 통일성.[1] 바우하우스의 화가들 중 하나를 인용한다면, 사실상, 직조에 관하여 언급한 군타 스퇼츨이다.

스퇼츨은 1919년 가망이 없었던 출발로부터 섬유 워크숍을 변신시켰다. 당시 그녀는 쓰고 남은 직물과 섬유사를 구걸해야만 했다. 그러나 그녀는 결정했다. 그녀 자신의 말에 따르면, '매우 열망했고 나는 거의 직조에 사로잡히게 되었다고 했다.'[2] 공식적인 교육의 부재는 실험을 유도했다.(그녀는 1921년
12 42 **마르셀 브로이어**와 함께 **아프리카 체어**를 만들었다.) 그리고 그녀는 다른 기술들부터 염색하는 기술까지 모든 것을 공부했다. 예외적으로 바우하우스 여성으로서, 스퇼츨의 기술은 그녀가 여성장인으로 추대되었던 1924년 가을에 공식적인 인정을 받았고, 1927년에 섬유 워크숍에서 마스터로 작업하게 되었다. 그 직위를 받은 유일한 여성으로서, 그녀는 자랑스럽게 남성적인 방식으로 쓰였던 '마이스터'라는 단어를 그녀의 바우하우스 신분증에 썼다.

스퇼츨의 작업량은 어마어마했다. 위원회를 충족시키고 스튜디오 룸을 위한 담요를 제작하거나 브로이어의 의자에 활용할 직물을 만드는 등, 바우하우스 기반의 프로젝트들을 이행하며 행정업무부터 산업화된 텍스타일 디자인하는 일에 이르렀다. 그녀는 1927년 나의 시간은 완전히 조직[3]에 삼켜지고 있다고 불평했다. 그럼에도, 그녀는 워크숍이 서로 다른 두 영역, 독창적인 작업과 텍스타일 디자인[4]을 가로질러 작업할 수 있다고 믿었다. 그것은 점진적으로 후반기의 작업에 영향을 끼쳤다.

점진적으로 정치화되는 학교에서, 유태계 바우하우스 학생 아리에 샤론과의 스퇼츨의 관계와 임신(결혼하지 않고)은 그녀의 해임 이유를 만들었다. 그러한 불만은 바우하우스 밖으로 확대되었고 그 결과 그녀는 1931년 7월에 학교를 떠났다. 스퇼츨은 스위스로 이민을 갔고 그녀 자신의 수작업 직조 공장을 세워서 운영했다. 70세가 될 때까지 그곳에서 다양한 형태의 제품을 생산했다. 오늘날 영국의 회사 크리스토퍼 파르에서, 바우하우스 때 디자인한 것으로 보이는 4개의 디자인을 포함한 스퇼츨의 디자인으로 만들어진 카펫을 판매했다.

앞 페이지. 벽에 거는 고블랭 직물
군타 스퇼츨, 1926-7
린넨과 코튼

The Bauhaus band

35

바우하우스 밴드

1924–33

흑백 사진들을 통해서, 바우하우스는 소박하고 조용한 장소로 상상될 수 있었다. 그러나 그렇지는 않다. 후베르트 호프만이 데사우에 도착했을 때, '우리가 계단을 올라감에 따라 밑에서, 천장에서 음악소리가 들려왔다. 지금껏 들어본 적 없는 음악이었고 ... 환상적인 리듬... 그것은 우리 바우하우스 밴드의 연주였다.'고 묘사했다.[1]

자신들의 선전에서 뼈를 울리는 리듬으로 묘사되는[2] 바우하우스 밴드는 1924년 안드레아스 바이닝거에 의하여 결성되었다. 그는 즉흥적인 판타스틱 뮤직이라고 부르는 그 자신의 스타일을 독학했다.[3] 비록 바우하우스의 휴식을 위한 것처럼 그것의 존재 방향에 따라 발전했음에도, 즉흥적이라는 말은 밴드의 첫 번째 무대를 지시하는 정확한 말이다. 주로 재즈로 설명되는 바우하우스 밴드의 음악은 헝가리, 크로아티아, 폴란드, 스위스, 러시아, 독일 그리고 미국 등 여러 국적들에 의해 고무되었다. 그들의 멤버, 한티 차빈스키에 따르면, 클라리넷, 밴조, 색소폰이 연주되었고 더 흥미롭게도 플렉세이톤과 같은 악기도 있었는데 현악과 탬버린의 조합을 이루었다. 그리고 그 밖에도 음향효과를 이용하여 전통적인 선율을 망가뜨린 전쟁 이전 라다우카펠렌 혹은 로켓 밴드를 연상시킨다. '의자소리, 총소리, 벨소리, 쇠스랑소리, 사이렌, 못이나 철사를 이용해서 피아노를 해체하는 소리'는 환상적인 리듬과 일관된 소음으로 통합되었다.[4] 밴드의 선전에 '당신은 단지 우리 음악을 듣기만 해야 한다. 그리고 우리를 떠올리게 될 것이다.'고 한 것은 놀랄 일도 아니다.

바우하우스 밴드는 축제들과 간혹 무대 공연을 녹음했다. 뿐만 아니라 베를린 '바우하우스 밴드 수염, 코 그리고 심장 파티'에서처럼 진가를 발휘하여 연주했다. 그들의 음악적 풍부함은 1928년에 밴드에서 클라리넷을 연주하고자 하는 개인적인 욕심을 성취했던 럭스 파이닝거(마스터였던 라이오넬 파이닝거의 아들)의 사진에 의해 연대순으로 기록되었다.

앞 페이지. *바우하우스 밴드*
럭스 파이닝거, 1928년경
젤라틴 실버프린트

The Bauhaus in Dessau, 1925–32

시각적 이미지는 이미 확장되었다.[1]

– 라즐로 모홀리 나기

데사우 시기는 바우하우스의 사고를 지배했다. 대부분은 **발터 그로피우스의 빌딩** 36 에 기인한다. 그 희미하게 빛나는 유리의 벽, 발코니와 테라스는 모더니즘의 비전을 생성했다. **루시아 모홀리** 38 에 의하여 촬영된 다큐멘터리 사진은 이 건축물이 데사우를 넘어서 소통할 수 있도록 돕는다. 동시에 현대 주거의 예로써 **마스터스 하우스** 50 와 바우하우스 생산물들에 의해 제시된 거처의 스타일 역시 마찬가지다. 한편, **바우하우스의 책** 45 ,야심찬 프로그램은 국제적 아방가르드 예술 내에 바우하우스의 포지션을 분명히 보여주었다. 마르셀 브로이어의 **바실리 체어** 43 와 같은 디자인들은 새로운 시대의 정신을 사로잡았다. 동일한 작업들이 다양한 분야들, 텍스타일로부터 타이포그래피를 가로질러 시도되고 있었다.

하지만 한결같은 모습이 지속적으로 홍보되어지는 동안, 바우하우스는 여전히 복수의 대립, 갈등, 스타일을 함께 보유하고 있었다. 데사우 바우하우스의 세 교장이 그 사례가 될 수 있는데 **발터 그로피우스** 1 , **하네스 마이어** 62 , **루드비히 미스 반 데어 로에**이다. 75 . 그들 각각은 바우하우스가 무엇이 되어야 하는가에 대한 그들만의 믿음이 있었고 교과과정을 적절하게 조정했다. 변화는 최종적으로 1927년 **건축학교**의 설립 55 , **사진학의 도입** 39, 도시계획과 광고교육의 발전 등으로 확인된다. **체조와 운동 교육**에 대한 가장 현대적인 관심 69 이 데사우에서 실현된 것이다. 그러나 마스터들 사이에서도 반대의견이 있었다. **라즐로 모홀리 나기** 37 는 성공적으로 관심을 기계 시대로 변화시킨 마스터였고 합리적이고 실무적인 작업을 강조했다. 하지만 그는 대체로 지원받지 못했다.

이 시기는 바우하우스가 가장 실험적인 모습을 가지고 있었다. **오스카 슐레머** 17 아래에서 풍부해진 **극장** 54, **데사우 퇼튼 빌딩** 53 70 의 사회적 주거의 실험 그리고 ADGB **노동조합 학교** 67 의 기능적인 건축. **요제프 알베르스** 47 와 ***보르쿠스*** 5 과정, 섬유 워크숍의 **군타 스퇼츨** 34 , 벽화 워크숍의 **히네르크 셰퍼** 44 그리고 떠오르는 광고예술을 발전시킨 **유스트 슈미츠** 65, 이들은 모두 한 때 학생이었지만 수업과 워크숍에 새로운 힘을 불어넣는 마스터가 되었다. 모홀리 나기의 **조명 소품** 61 과 같은 것이 서로 다른 학문들에 녹아들어 미래의 예술 형태를 상상하고자 노력했다. 또한 바우하우스는 가장 사업적인 태도를 취할 시기였다. **바우하우스 GmbH** 40 의 설립이 있었고 벽지 72 와 같이 선택된 바우하우스 작품들의 대량생산을 시도했다.

바우하우스는 점점 증가하는 위협적인 정치적 환경에서 희생양이 되었다. 세 번째 교장, 미스 반 데어 로에의 노력은 데사우 바우하우스를 살리는데 충분하지 않았다. 1932년 여름, 이 시기는 종점을 맞았고 바우하우스는 잠시 베를린 77 으로 옮겨갔다.

The Bauhaus buildings, Dessau

36

바우하우스 빌딩, 데사우

발터 그로피우스

1925–6

'나는 당시 초현대적인 바우하우스
건축물 앞에 서 있었다.' 그래서
하네스 베크만은 데사우에 도착했던
순간을 묘사했다. '그 건축은 나에게
새로운 시대의 시작을 의미했다.'[1]
1 그것은 정확히 **발터 그로피우스**가
희망했던 결과였다. 새로운 시대를
말하고 있는 철과 유리의 비전
자체였다.

1925년 가을에 건축 시공이
시작되었다. 건축물은 공식적으로
1926년 12월에 완성되어 오픈했다.
메인 빌딩에 대한 그로피우스의
디자인은 비대칭이고 파사드가
없는 구조이며 이 건물의 건축
양식은 건물의 기능에 따라 더 잘
6 이해되었다. **워크숍**을 포함하는
부속 건물은 독특한 특징인
유리로 된 벽으로 되어있어
구별된다. 워크숍 방들은 벽에
벽을 이어 뻗어나간다. 1층에 있는
37 현관과 강당은 **라즐로 모홀리
나기**의 색채계획으로 꾸며졌다.
42 튜브형 의자는 **마르셀 브로이어**가
디자인했고 강당을 채우고
있는 섬유 워크숍의 아이젠가른
소재로 뒤덮여 있다. 조명은 막스
크라예프스키의 작업이다. 이동
칸막이벽은 무대로 이어진다. 그리고
두 번째 파티션은 구내식당으로
연결된다. 이 칸막이벽은 이후에
다시 브로이어에 의하여 장식되었다.
그로피우스는 이 층을 '축제 층'
이라고 불렀고 **바우하우스 축제**에서 33
진가를 발휘하였다.

스튜디오 빌딩은 28명이 머물 수 있는 거처를 제공했다. 각각의 방은 붙박이 옷장들과 세면대가 있고 개인 작업을 위한 공간도 있었다. 동쪽에는 많은 바우하우스 사진들에서 특색으로 한 것처럼 작은 발코니들이 찍혔다. 반면 지하층에는 샤워룸, 세탁실 그리고 체육관이 배치되었다. 그로피우스 사무실이자 건축사무실은 2층의 브릿지에 있다. 브릿지는 행정동과 함께 시립 기술학교로 이어졌다.

그와 함께, 결국 인상적인 논평을
낳았고 그로피우스는 그것을 '완전히
성공적'이라고 여겼다.[2] 이 건물들은
바우하우스의 이미지와 깊이
연결되었다. 놀랍게도 짧은 기간동안
의도한 목적을 완성하였다. 주거에서
바우하우스 건물까지 6년이 걸리지
않았다. 우파적 반대자들은 데사우
바우하우스 폐쇄를 강요하였고
베를린으로 옮겨갔다. 77

바우하우스에 머물면서

스튜디오를 방문하는
사람들을 안내하는 것은
나를 그다지 기쁘게 하지
않았다. 2년간, 투어는 매주
일요일 아침에 시작되었다고
마리안느 브란트는 기록했다. 60
많은 질문들이 있었고, 여러
짜증들이 있었다.[3] 브란트는
오늘날에도 가이드 투어가
계속되고 있고 일요일
외에도 한다는 것을 알면
행복할까? 그리고 그녀는
브란트 자신의 스튜디오를
재건축하기 위한 방문객들도
포함되어 있다는 사실을
어떻게 생각할까? 사실, 21
세기 방문객들은 재건축된
실 중 하나에 머무르면서
바우하우스의 야간시간을
견학 할 수 있었다.[4] 더
많은 정보를 위하여 www.bauhausdessau.de/en/service/sleeping-at-bauhaus.html를 보라.

앞 페이지. 데사우의 바우하우스 건물
발터 그로피우스, 1925-6 건축

LÁSZLÓ MOHOLY-NAGY

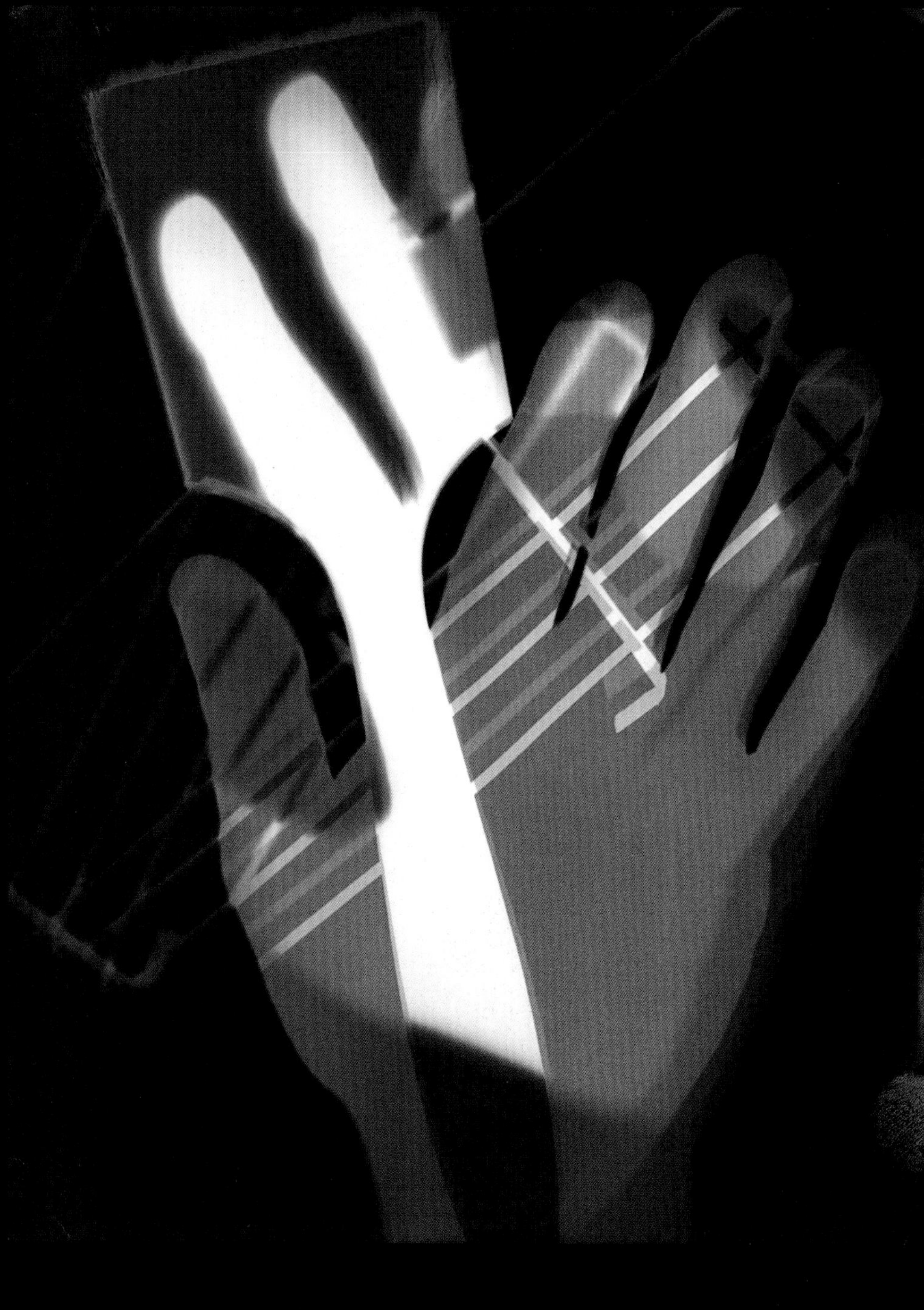

37

라즐로 모홀리 나기

마스터, 1923-8

‘객관적인 이유에 대하여 그보다 더 많은 노력을 기울인 사람은 아무도 없다.’[1] 라즐로 모홀리 나기의 아티스트 파울 시트로엥은 말했다. 바우하우스에서 5년 동안의 모호리나기의 활동을 짧게 정리한 개요는 ‘그는 강력하고 열정적인 개처럼 몰두했다’[2] 라고 그의 두 번째 아내, 시빌레가 한 진술을 더 강화시켰다.

1 5 **그로피우스**가 그에게 ***보르쿠스*** 과정의 리더로서 합류하기를 요청하였을 때, 유럽의 아방가르드는 이미 확립되어 있었고, 모홀리 나기는 이론을 실제 작업과 융합시키고 있었다. 학생들이 공방에 방문하였다. 그들은 서로 다른 도구와 재료들을 이해하도록 교육받았다. 금속 워크숍의 마스터로서, 모홀리 나기는
32 **바우하우스 램프**와 같은 작품의 대량생산을 위한 디자인에 초점을 두었다. 그는 바우하우스의 활자체를
45 확립하는데 힘썼고 **바우하우스 책자**를 만드는 것에 작업했다. 그는 또한 활자체와 영상의 잠재력을
39 받아들였고(‘**새로운 비전**’으로 선언) 조명의 효과와 활용에 관하여
61 연구했다. 결과적으로 **일렉트릭 스테이지를 위한 조명기구**들과 같은 동적 작품을 만들어냈다. 그는 한 가지 활동에만 집중하는 사람들을 비판했다. ‘미래는 다재다능한 사람을 필요로 한다.’[3]고 논쟁했다.

합리적인 디자인과 실무적인 디자인을 강조하는 것은 바우하우스가 그 이전에 주관적인 그리고 표현적인 것을 강조하던 것과는 방향을 달리한다. 비록 회화와 같은 더 전통적인 예술들을 희생한다 해도, 모홀리 나기의 기계의 세심한 활용은 특히 논쟁적이다.[4] 그러한 견해들은 다른 마스터들에 의하여 필연적으로 받아들여진 것은 아니지만, 모홀리 나기의 믿음은 그로피우스의 **예술과 기술**의 결합에 25
대한 요구와 일치했다. 두 남자는 서로 강력하게 협업했고 결국 모홀리 나기는 1928년 그로피우스와 함께 바우하우스를 떠났다. 모홀리 나기가 바우하우스에서 **시카고**로 떠날 때, 84
그는 바우하우스의 성공여부는 그의 학생들은 물론 폭넓은 대중들에게 교육하는 것에 따라 달려있다고 강조했다. 예술과 기술이 함께 작용하는 것은 더 나은 사회를 창조할 것이고 우리는 모두 그 역할을 할 수 있다고 강조했다. 모든 건강한 남성은 그 자신의 본성에 내재한 창조적인 에너지를 발전시킬 깊은 재능을 가지고 있다고 모홀리 나기는 썼다. 더 단순하게. ‘모든 사람은 재능을 타고 난다.’[5]

위. 라즐로 모홀리 나기의 초상
작가미상
사진

앞 페이지. *제목없음*
라즐로 모홀리 나기, 1926
젤라틴 실버 프린트

LUCIA MOHOLY

38

루시아 모홀리

사진작가, 1923-8

그녀의 남편에 의하여 가려져,
루시아 모홀리는 그녀의 일생동안
인정받기 위해 분투했다. 그리고
37 천천히 실현되었다. 그녀가 **라즐로
모홀리 나기**를 만났을 때, 존경받는
편집자였던 그녀는 그의 예술적인
발전에 핵심적인 역할을 했다.
그가 말하기를, 그녀는 나에게
생각하기를 가르쳤다.[1] 그들은
함께 실험했고 자화상을 찍는
수단으로 사용되는 포토그램 기술을
발전시켰다. 사진학적 이미지가 노출
전에 빛에 민감한 표면에 오브제를
위치함으로써 만들어지는 기술이다.

라즐로는 1923년 바우하우스의 자리를
제안 받았다. 루시아는 마지못해서
베를린을 떠났다. 그녀는 하우스
사진사가 되었고, 비록 급여가 없었어도
수백 장의 새로운 바우하우스 오브제와
건축물들을 찍었다. 이세 그로피우스가
1926년 11월 그녀의 일기에 다음과 같이
썼다. '우리는 충분한 사진을 만들어 낼
수 없다. 모홀리 부인은 주문한 사진의
요구량을 맞추기 위하여 과로하고
있었고 밤낮으로 일했다.'[2] 그녀의
다큐멘터리 스타일의 사진작업은
바우하우스의 개념을 형성하는데
중요한 역할을 했다. 그리고 결정적으로
라즐로 자신의 사진학적 스타일과
대조적이었다. (비록 그녀가 그의
인화물 역시 발전시켰음에도) 루시아는
그녀가 사람들을 마치 그들이 하나의
건축물인 것처럼 사진 찍는다고 했다.[3]

루시아의 출판에 관한 지식은
바우하우스의 책들이 출판될 수 45
있게 만들었다. 그녀는 바우하우스의
이미지들을 도해하였을 뿐 아니라.
그들의 텍스트를 형상화하는데
도왔다. 어떠한 공식적인
바우하우스의 역할도 없었기에,
그녀는 라즐로와 일단 헤어지고,
루시아는 베를린으로 돌아갔다.
그리고 **요하네스 이텐**의 학교에서 4
사진술을 가르쳤다. 그녀는 이후
독일을 떠나 영국으로 갔다. 그곳에서
그녀는 그녀의 능력으로 훌륭한
평가를 받는 '*사진술의 백년 1839-
1939*' 책을 만들었다. 이후에 그녀는
유네스코를 위한 영화를 만들었다.

그러나 그녀의 전남편과 미국의
그녀 동료들에 비교해서는 겸손한
경력이었다. 그녀는 공생적 작업 그룹
[4]에서의 자신의 공헌을 알아야만
한다고 주장했다. 그녀는 독일을
떠나면서, **그로피우스**와 작업한 600 1
여점의 흑백 사진들을 남겨두었다.
루시아는 어떠한 보수도 없이 작품을
생산했다. 마스터들이 자신의 새로운
커리어를 구축하는데 도움을 주었던
바우하우스 시기 자신의 사진들을
찾기 시작했다. 비록 그녀가 그녀의
원작들 중 아주 적은 부분만을
되돌려 받았으나, 오늘날 루시아가
바우하우스에 끼친 영향은 훨씬 널리
인정받고 있다.

앞 페이지. *루시아*
라즐로 모홀리 나기, 1924-8
젤라틴 실버 프린트

The 'New Vision': photography at the Bauhaus

39

새로운 비전 : 바우하우스의 사진작업

1929–33

시각적 이미지는 확장되어왔고
심지어 현대적인 렌즈는 더 이상
우리 눈의 좁은 한계에 묶여 있지
37 않다.[1] **라즐로 모홀리 나기**는 1925
년 그의 영향력 있는 회화, 사진,
영화에서 그렇게 썼다. 비록
그가 떠난 이후까지 공식적으로
커리큘럼에 포함되지 않았음에도,
모홀리 나기 덕분에 사진학은 중요한
바우하우스 매체가 되었다.

회화, 사진, 영화, **바우하우스**의 8
45 번째 **책**에서 카메라는 '객관적인
비전의 시작에 도움을 주는 가장
믿을만한 것'[2]이고 인간의 눈과
보이는 세상을 다르게 관찰하는
완전히 새로운 방법이라고 주장했다.
실제로 모홀리 나기에게 그것은
예상치 못한 관점, 클로즈업,
크로핑, 그리고 포토그램과 같은
실험적 기술들에 유리한 전통적인
묘사의 방식들을 피하는 것을
의미했다. 그는 만 레이 그리고 그의
38 아내 **루시아 모홀리**와 같은 예술가의
작업에 대하여 자신의 의견을
도해했다.

그러나 이러한 논의는 모두를 설득할
수 없었는데, 특히 바우하우스의
화가들이 그랬다. **오스카 슐레머**는 17
1925년에 모홀리 나기가 '오직
하나의 적은 회화였고 오직 하나의
승리는 사진학뿐이다'라는 언급에
불만을 토로했다.[3] 모홀리 나기
아래에서 사진학은 비공식적으로
최소한 ***보르쿠스*** 예비과정의 5
부분이 되었다. 짧은 노출 시간과
단순한 작동방식을 가진 라이카
카메라의 1925년 출시는 사진학을
광범위한 청중들이 접근 가능하도록
만들었다. 루시아 모홀리 나기와
에리히 콘제뮬러는 공식적인
바우하우스 사진 기록을 만들었다.
학생들의 사진은 모홀리 나기
이론의 개인적인 해석들을 만들었다.
그들은 아래에서 본 데사우의
발코니와 위에서 본 테라스를
보여주었다. 학교의 개성은 금속
구에서 반영되고 비뚤어지거나,
클로즈업된 초상에서 학생
움보에 의하여 유명해진 스타일이
떠오르기도 한다. 바우하우스의
첫 번째 공식적인 사진학 교사,
발터 페터한스는 1929년 교육을 68
시작했다. 이 발랄한 열정은 그의
조심스러운 구성 작업들에 흥미로운
대조가 되었다.

움보

오토 움베르에서
태어난 움보는 바이마르
바우하우스에서 1921
년부터 공식적으로 학업의욕
부족으로 인한 퇴학이 있은
2년 후 까지 수학했다.[4]
베를린으로 옮겨가서, 그는
예술가적인 빈곤 속에 살았고
광대이자 카메라맨으로
작업했다. 이전의 바우하우스
동료, 파울 시트로엥은
움보의 사진작업에 힘을
불어넣었고 1926년 그에게
카메라를 선물했다. 움보는
첫 번째로 영화스타일의
클로즈업 초상화를 만들어낸
독일 작가가 되었다. 그는
또한 새로운 비전을 개성화한
새로운 앵글로부터 얻어진,
도시의 이미지로 잘 알려져
있었다. 그러나 그 이미지는
요하네스 이텐에 의하여 4
교육받는 보르쿠스의
수업에서 고무된 표현성과
결합되어 있었다. 사진회사
도이쳐 포토딘스트와
함께, 움보는 현대적인
보도의 개척자로 여겨졌다.
바우하우스에서 사진학
교사의 적임자로 고려되었던
움보는 이텐의 베를린
스쿨에서 가르쳤다. 후에 발터
페터한스가 그 보직을 얻었다.
불행히도 5만장이 넘는 그의
아카이브 원판 대부분은 2
차 세계대전의 포화에
소실되었다.

앞 페이지. *구체에 반사된 자작 초상*
발터 푼카트, 1920
사진

THE FOUNDING OF THE COMPANY
BAUHAUS GMBH

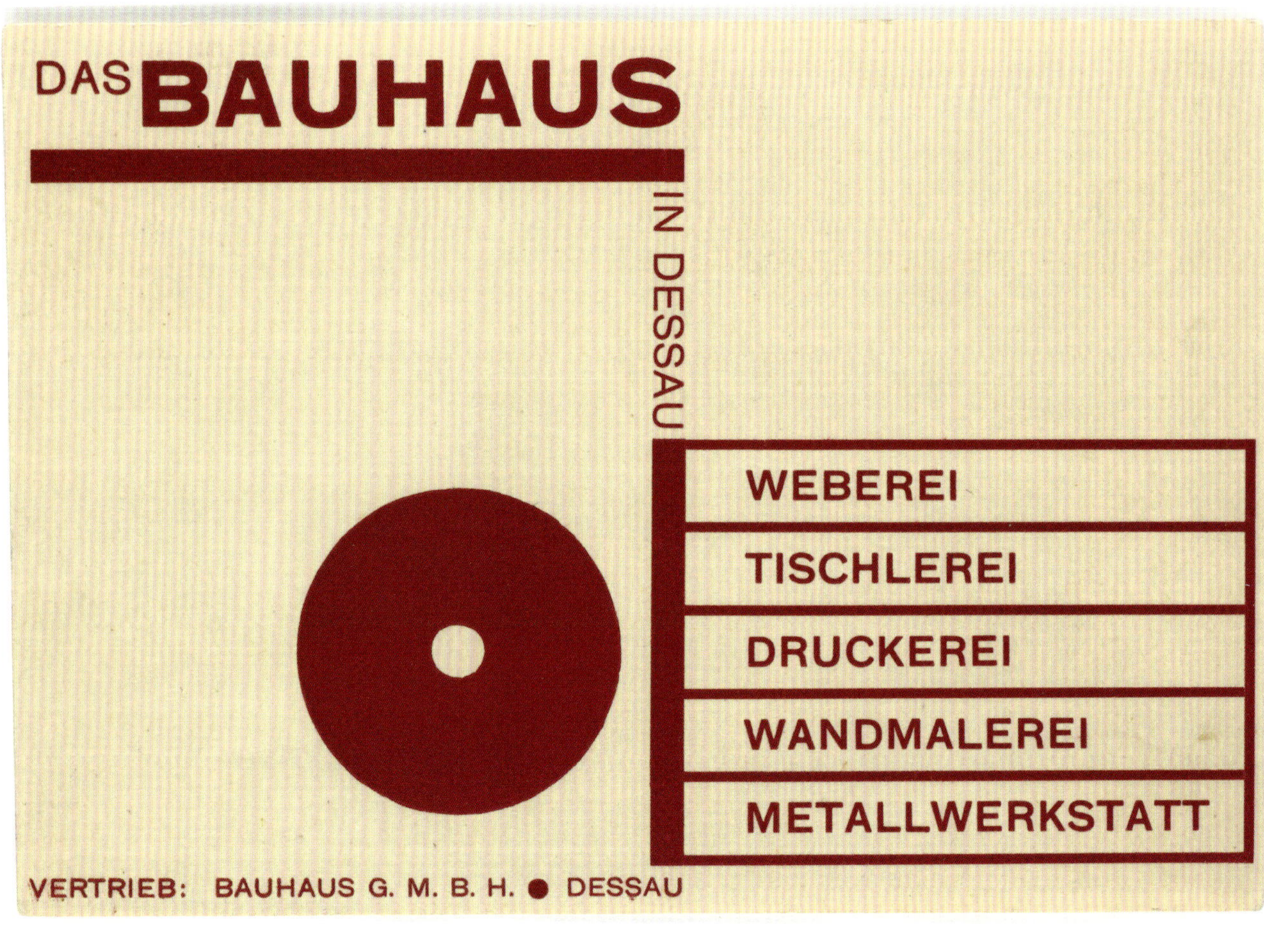

40

바우하우스 지엠비에이치 회사의 설립

1925

바우하우스의 재정은 결코 그
평판만큼 좋지 못했다. 이러한 문제는
1 발터 그로피우스조차 인정할 만큼
깊게 자리 잡았다. 1924년 10월,
바우하우스의 경제적인 전망에 대한
연구에서, 그것은 단지 하나 혹은
몇몇의 규정만의 문제가 아니었다.
생산 분야 전체의 비전이 변화해야만
한다고 보았다.[1]

생산물을 마케팅하기 위하여
영업회사를 설립하는 것은 안전하고
지속적인 시장을 만들 것이고
그렇게 함으로써 국가 자금에 대한
의존도를 줄일 수 있을 것이라고
기대했다. 프로세스는 1923년에
21 시작했고 성공적인 **바우하우스
전시회**를 이끌었다. 그리고 그
목적은 이후 산업체에 의해 발전될
수 있었던 바우하우스 내에서
창조된 모든 모델들에 대한 권리를
확립하는 것이었다.

하지만 바우하우스 GmbH는 1925
년 10월까지 설립되지 못했다. 그
신규회사의 적절한 자금은 20,000
마르크였다. 그 대주주 중 하나는
오랫동안 바우하우스의 후원자였던
아돌프 조머펠트였다. 되돌아보면,
기업체는 약 80여 작품의 권리를
보장했다. 그 중 바이마르 가구
워크숍에서 **마르셀 브로이어** 42
(바우하우스 시기 외에 디자인 되었던
강관구조의 가구는 배제)와 알마
지드호프 부셰의 작품도 포함되어
있었다.

그로피우스가 토대를 만들었음에도,
바우하우스의 상업적인 정점은 그의
떠남 이후 왔다. 1928년 첫 번째 산업
계약은 조명, **벽지**, 직물에 관한 72
계약이었다. 1929–30년, 생산물은
거의 전 해에 비해 거의 2배가 되었다.
146,500 마르크를 넘어서는 결과를
낳았다. 그리고 학생들에게 임금으로
지출하는 것이 가능했다. **루드비히** 75
미스 반 데어 로에가 1930년 여름에
교장이 되었고 그는
바우하우스에서의 생산을
중지시켰다. 결론적으로 학생들을
위한 잠정적 보수도 정지되었다. 비록
그렇게 되었지만, 과거 산업적 계약,
특히 가장 잘 팔렸던 벽지는 충분한
수입을 올렸다. 동시에 학생들의
보수도 충분했다. 그것 때문에
베를린에서 독립적인 기관으로서의 77
학교를 개교하는 것도 가능했었다.

앞 페이지.
바우하우스 Gmbh를 위한 엽서
유스트 슈미트, 1925-6
엽서

SINTRAX COFFEE MAKER

41

신트락스 커피 메이커

게르하르트 마르크스

c.1925

이것은 연구실에서 가져온 것 같이 보인다. 그러나 게르하르트 마르크스에게 위임된 것은 사실상 예나의 스콧 앤 제노센에 의하여 만들어진 초기 버전에 대한 대응 작이었다. 초기작은 너무 과학적으로 보였고 새로운 작품은 정리된 버전이었다.

기업체와 바우하우스 멤버들 사이의
21 공동 작업은 **발터 그로피우스** 교장에 의하여 독려되었다. 당시에, 스콧 앤 제노센은 유럽의 가장 큰 전문 유리 생산 업체였고 방화유리로 만들어진 초기 커피 메이커 중 하나를 생산하고 있었다. 도자 워크숍의 조형 마스터로서의 역할을 그만두기 바로 직전에 만들어진 마르크스의 디자인은 커피를 끓이기 위해 증기와 수압을 이용한 사이펀 방식을 사용하고 있었다. 비록 복잡한 방식이긴 했으나 이 용기가 만들어내는 커피는 성공적이었다.

마르크스의 디자인에서, 커피는 오직 유리에만 닿게 된다. 이 방식은 커피 향을 보존하는데 유용했다. 신트락스는 독일을 넘어서 잘 알려졌다. 이 용기는 1934년 헤르베르트 리드의 '예술과 산업' 이라는 영향력 있는 책에 실렸으며, 대량생산을 위한 훌륭한 디자인의 사례 중 하나였다.

빌헬름 바겐펠트는 1930년대 중반에 디자인을 수정하였다. 용기에 직선 손잡이를 붙여 대조적으로 보였다. 1960년대 최종적으로 생산이 중단되기 전에, 전쟁 후 이 디자인은 다시 조정되었다. 당시에까지 다른 손쉬운 방식으로 커피를 마실 수도 있었다. 하지만 신트락스의 연구실 스타일의 미학적인 용기는 당시 커피 마켓에 출시되었을 때 가정용으로 적합해 보였다. 1942년부터 비슷하게 과학기구 모습을 하고 있는 케멕스 커피 메이커가 생산되었다.

앞 페이지. 신트락스 커피 메이커
게르하르트 마르크스, 1925년경

MARCEL BREUER

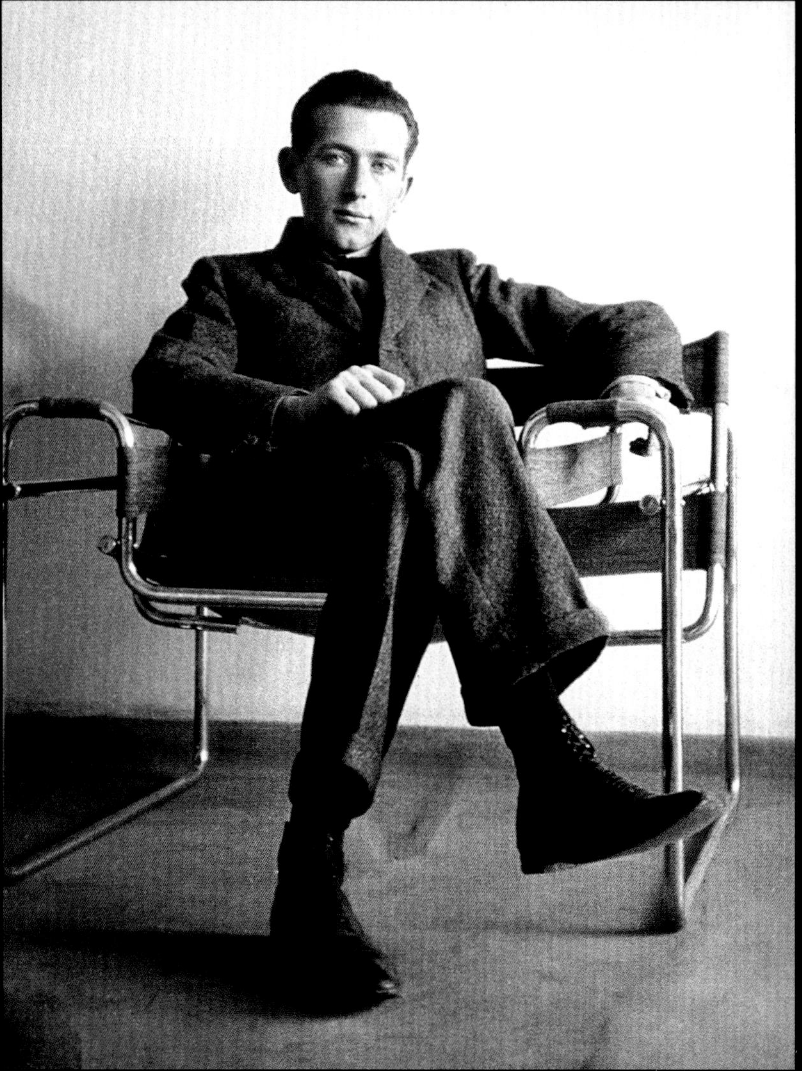

42

마르셀 브로이어

학생, 1920–4
젊은 마스터, 1925–8

마르셀 브로이어는 타임지에서
묘사하였듯이 20세기 형태를
만들어낸 인물 중 하나였다.[1]
그는 또한 바우하우스의 진정한
산물이었다. 처음엔 학생, 이후에
젊은 마스터, 그리고 미국에서의
옹호자로서 말이다. 그의 강관
디자인은 바우하우스 스타일의
관념을 정의한다.

브로이어는 바우하우스에 학생으로
12 1920년 합류했다. **아프리카**
20 **체어**에서부터 **나뭇조각 의자** 그리고
43 **바실리 체어**에 이르는 그의 의자들을
통해 그의 발전 기록표를 떠올리게
하는데, 그의 제작품은 이보다 훨씬
더 많은 것을 아우른다. 서로 다른
목재와 색채를 활용하여 구조를
22 강조한 그의 자녀들의 가구와 **하우스**
암 호른을 위해 만든 구성주의적 여성
화장대가 포함된다.

1925년 가구 워크숍의 젊은
마스터로서, 브로이어는 젊은
마스터 가운데 가장 중요한 개성을
가진 마스터가 되었다.[2] 그는
바우하우스의 모습을 만들어냈다.
강당의 의자들, 구내식당의 스툴과
50 테이블, **마스터 하우스**에 벽장은 모두
그의 디자인이며 그의 강관으로 만든
가구와 함께 모더니즘을 보여준다.

브로이어는 바우하우스의
공동작업에 대한 기대들과 싸웠다.
1928년 그 자신만의 건축적인
실무를 하기위해 떠났다. 그는 주로
극장 감독 에르윈 피스카토르의
베를린 아파트와 같은 인테리어
프로젝트와 그의 금속 가구로의
수입에 매달렸다. 그것은 브리튼에
건너가서도 마찬가지였다. 그곳에서
롱 체어와 같은 플라이우드 가구를 86
디자인하고 만들었다.

브로이어의 커리어를 통틀어, **발터** 1
그로피우스는 친구이자 멘토였다.
그리고 브로이어는 그를 따라서
하버드 대학으로 옮겨갔다. 그들은 87
1941년까지 그들 자신의 건축적
작업들을 지속했다. 또한 **프랭크** 94
하우스 등에 공동 작업했다.
브로이어는 주목할 만한 공공
프로젝트에도 작업했는데, 파리의
유네스코 본부 그리고 휘트니
뮤지엄 오브 아메리칸 아트가 있다.
이 뮤지엄은 멧 브로이어로 재
단장했다. 그의 초기 가구 디자인이
진정으로 우리에게 전해준 것은
그의 말로, 현대 생활하는데 있어
필요한 기구이다.[3]

앞 페이지. 바실리 체어에 앉은
마르셀 브로이어
작가미상, 1920년

사진

WASSILY **CHAIR**

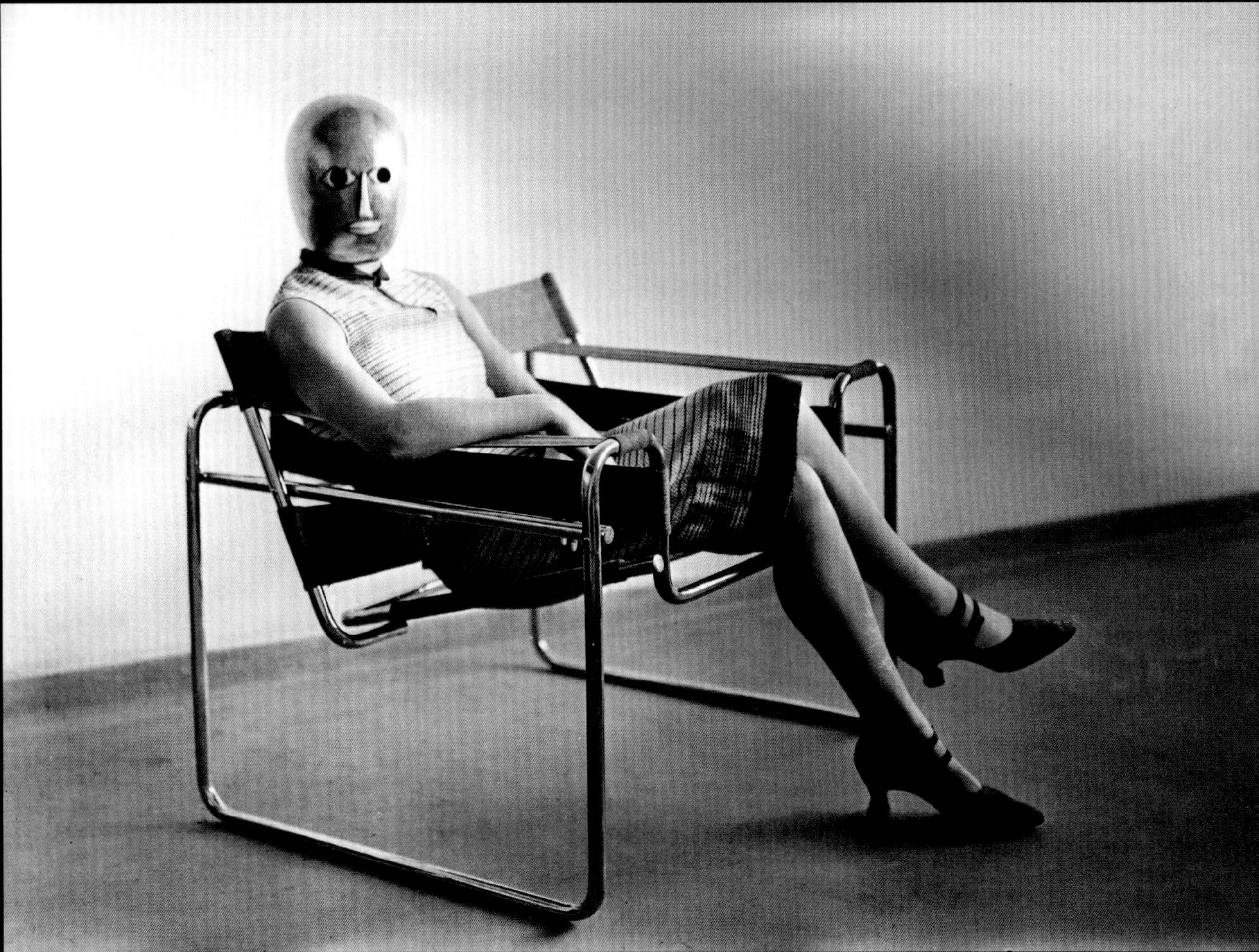

43

바실리 체어

마르셀 브로이어

1926

새로운 라이프스타일을 위한
42 디자인.[1] 혹은 **마르셀 브로이어**가
B3 체어를 묘사한 바와 같이,
이러한 안락의자의 급진전인 변화는
모더니스트의 토템이 될 것이다.
이후 바실리 체어로 다시 이름을
붙여졌는데, 디자인에 있어서
27 **칸딘스키**를 존경하는 바를 반영하기
위한 것이다. 그것은 20세기의 가장
인정할 만한 의자중 하나이다.

브로이어는 지역 배관공의 도움으로 프로토타입을 같이 용접하기 위한 그의 자전거 핸들 손잡이의 마카로니처럼 생긴 금속 강관에 어떻게 영감을 받았는가를 묘사했다. 무겁고 겉천을 댄 안락의자와 달리, 여기에서 직물은 몇몇의 단순한 띠로 제한되어 부드럽고 빛나는 구부러진 금속 프레임을 감추기보다는 드러낸다. 그 시대의 재료를 사용하는 것은 의자의 유연성과 회복력, 청결함과 편의를 증대시켰다. 브로이어 자신은 '최소의 비용과 가장 기계공학적인 디자인'[3]을 원했다고 주장했다. 시각적인 공간과
투명성을 강조하는 그의 의자는 후에
브로이어가 장식하게 될 데사우의
새로운 **바우하우스 건물**을 반영했다 36

굽혀지고, 매끄러운 금속을
가정환경에 소개하는 것은
기계시대의 도래를 예고했다. 기술은
여전히 이러한 새로운 전조를 완전히
받아들일 수는 없었다. 그러한
기계적인 외관에도 불구하고 B3
의자는 수작업으로 결합되어야
했다. 사실 브로이어는 바우하우스
소유의 회사에서 만들어져야
한다고 믿었던 **그로피우스**에게 1
몹시 화가나, 자신 소유의 아주
작은 회사 스탠다드 뫼벨을 세워
그의 강관 의자를 생산했다.
처음에는 의자로서는 성공적이지
않았지만, 그 제작권은 회사들
사이에 옮겨갔다. 그 제작권은
1968년 크놀에게 돌아갔고 바실리
체어는 마침내 적절한 집을 찾게
되었다. 사실 브로이어는 1930년대
플로렌스 크놀의 멘토였다. 바실리
의자는 아직까지도 생산되고 수요가
많다.

바실리 체어에 앉은 마스크 쓴 여인, 에리히 콘제뮬러의 사진, 1926

다소간 안정적이지 않은 사진
속 누구인지 모를 마스크
쓴 여인은 바실리 체어에
앉아 자세를 취하고 있고
1920년대 중반 바우하우스
영향력의 범위를 보여준다.
바우하우스가 디자인한
의자뿐 아니라 그녀의 **드레스** 57
역시 섬유 워크숍의 리스
바이엘 보글러에 의하여
만들어 진 것이다. 그녀의
마스크는 **오스카 슐레머**의 17
극장 워크숍에서 만들어졌다. 54
에리히 콘제뮬러에 의한
영화에서 캡처된 자세는
바우하우스의 사진 기록들 중
하나이다. 이러한 작업들이
문서 기록인지, 인물 사진
기법인지, 그 밖의 다른
것인지를 말하기 어렵다.

앞 페이지. 바실리 체어에 앉아 있는
마스크를 쓴 여인
에리히 콘제뮬러, 1926

사진

HINNERK **SCHEPER**

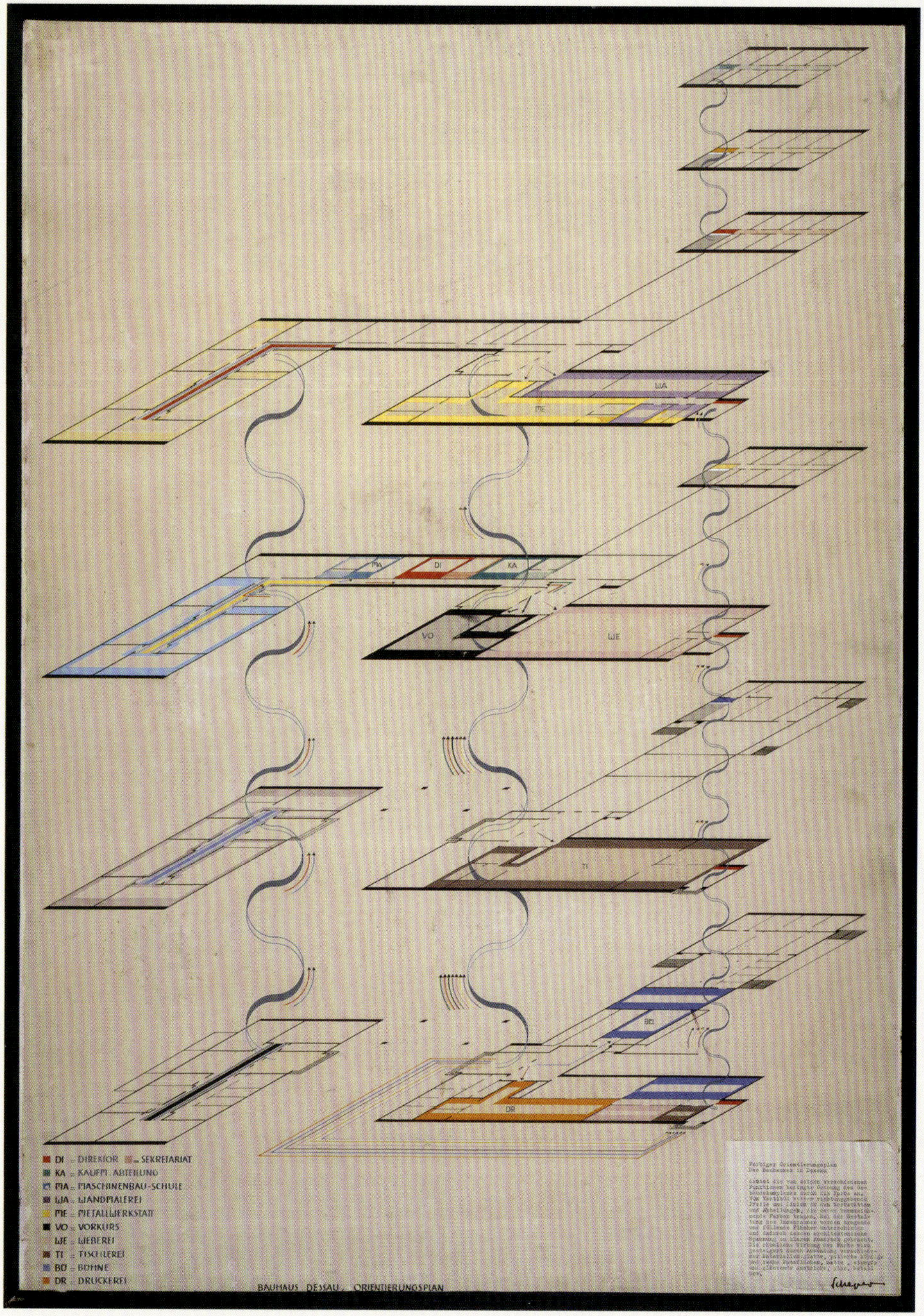

44

히네르크 셰퍼

학생, 1920-2
젊은 마스터, 1925-33

바우하우스에 머물던 그의 시기동안, 히네르크 셰퍼는 색채의 세계를 창조했다.[1] 그는 캔버스에서 회화를 분리시켜 현대 생활에서 즐길 수 있는 부분들로 할애했다.

셰퍼는 1925년 젊은 마스터가 되기
4 이전에 **요하네스 이텐**과 **오스카**
17 **슐레머** 아래에서 벽화 워크숍에서
훈련받았다. 그의 접근 방식은 당시 그의 선생들과는 달랐다. 그는 벽화의 목적이 건축적인 공간을 분명히 표현하기위한 것으로 믿었다. 로우 셰퍼에 따르면, 그녀의 남편의 원칙은 건축학에서 색을 마지막 다듬는 작업에서 더해지는 것이 아니라 건축물의 내재된 요소로써 사용한다는 것이었다.[2] 헤네르크는 색채는 공간을 더 크게 혹은 더 작게, 신선하게 그리고 에너지 넘치게 혹은 슬프거나 진부한 공간으로 만들 수 있다고 했다.[3] 그의 교육은 서로 다른 배경에 채색하고 다른 기술을 사용하는 것에서부터 회벽, 목재, 금속에 이르기까지 현실적인 것들에 기초를 두고 있다. 그는 이론 수업에서 색채의 조화와
같은 개념들을 가르쳤다. **데사우** 36
바우하우스 건물을 위한 그의 색채 계획에서, 셰퍼의 관점은 색채를 사용하여 구조를 강조하는 것이며 가능한 즐거운 공간을 만들어 내는 것이다. 붉은 항목들은 건물 내에서 통로를 분명히 표현한다. 회색의 띠는 공간들을 연결하고 빛이 떨어지는 길과 상호작용한다. 디자인은 완전히 현실화되지는 못했으나, 셰퍼는 다양한 재료들을 사용하여 색채 효과를 강화하는 계획을 세웠다. 두드러진 고광택, 연마되거나, 오돌토돌하거나, 거친 표면 등을 사용하였다.[4]

전후, 셰퍼는 주로 보존작업에 몰두했다. 그의 색채 이론은 현재 거의 사라졌다.

앞 페이지. 바우하우스 건물을 위한 배치계획, 데사우
히네르크 셰퍼, 1926
드로잉

THE BAUHAUS BOOKS

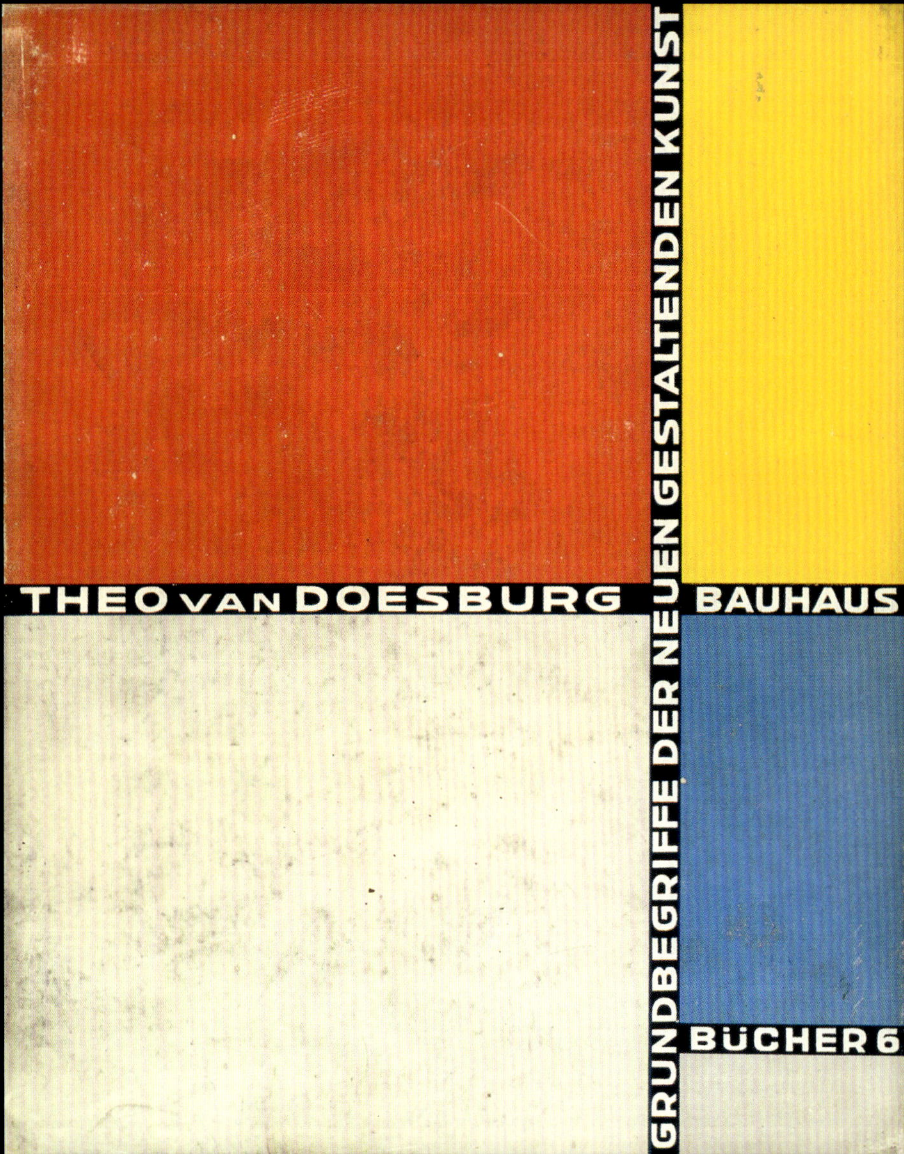

45

바우하우스 북

1925–30

이 책들은 14년간의 교육적인
작업의 유일한 진본 기록들을
37 남겼다.[1] **라즐로 모홀리 나기**는
'새로운 비전'에서 그와 같은 결론을
내렸다. 그 글은 마지막 바우하우스
책인 '재료에서 건축까지'의
수정본에 실렸다. 찾기 쉽고
대량생산이 되고 적절한 가격이 될
수 있게 디자인된 바우하우스 책은
물리적인 한계를 훨씬 더 넘어서
학교의 교육들을 알렸다.

1 모홀리 나기와 **발터 그로피우스**의
편집 아래, 45개 타이틀의 원고가
계획되었다. 르 꼬르뷔제로부터
아인슈타인에 걸친 저자들이
포함되었는데 오직 14개의 원고만이
사실상 실현되었다. 연작들은 유명한
46 오프닝 문장 '**산책 중에 능동적인
선**'과 모홀리 나기의 '회화, 사진,
영화(no. 8)'와 클레의 '교육학의
스케치북(no. 2)'과 같은 영향력 있는
텍스트를 출판했다. 그러한 타이틀은
피에트 몬드리안과 같은 작가들과
함께 바우하우스를 모더니즘으로
정리하였다. 그러나 그들은 항상
전적으로 동의하진 않았다. 그
예로 모홀리 나기와 그로피우스의
카지미르 말레비치의 '비객관적 세계'
에 대한 짧은 서문에는 말레비치는
근본적인 문제에 대한 견해가
우리와는 다르다고 기록했다.[2]

모홀리 나기는 최근 책의 모노톤의 회색을 통탄했다.[3] 그리고 그들의 제목들을 그 단어만 보더라도 그들의 디자인이 떠오를 수 있도록 만들었다. 각각의 페이지에는 제한된 수의 단어들만 수록했다. 그 활자체와 사진은 역동적인 레이아웃을 만들어냈다. 비록 23×18cm (9×7in)의 규격이었으나 바우하우스의 브랜드와 연작의 번호들은 일련의 시리즈를 가로질러 일관성을 창조했다.

종종 책을 만들어내는데 있어
루시아 모홀리의 역할은 간과되었다. 38
라즐로가 시간이 없거나 책의
출판에 있어 상세한 부분을
다루려는 의도가 없는 경우, 그녀는
그들의 책에 수록된 사진 작업에서
책 편집자로서의 경험에까지 모든
면에 기여했다.[4] 책 '재료에서부터
건축까지'의 서문에 그녀에게
인사하는 것이 나타난다. '이 책의
원고와 교정은 그 사고와 형식에
있어서 많은 면에서 나의 아내
루시아 모홀리에 의하여 해결되고
풍부해졌다.'[5]

바우하우스 책 읽기

비록 원본을 찾는 것은 너무나 힘들 테지만, 독일어를 안다면, 14개의 바우하우스 책 중 9권은 온라인으로 읽을 수 있다. 그것은 칸딘스키[6] 도서관에 의하여 디지털화 프로젝트에 의하여 가능해졌다.https://monoskop.org/Bauhaus에 방문하면 문서를 읽을 수 있다.

앞 페이지. 바우하우스 북 no.6, *네오플라스틱 아트의 원리* 테오 반 뒤스부르크, 1925-30

책 표지

‘AN ACTIVE LINE ON A WALK, MOVING FREELY, WITHOUT GOAL.’

46

산책 중의 능동적인 선, 목적이 없는 자유로운 움직임

파울 클레

1925

이 문장은 현대 예술에서 가장 많이
14 인용되는 것 중 하나이다. **파울
클레**의 교육을 위한 스케치북은
원칙을 정리한 교훈적인 모음집은
5 아니다. 오히려 ***보르쿠스*** 예비
과정에 신입생들을 위하여 고안된
일련의 수업들이었다. 안내자로써
교사의 역할에 대한 클레의 믿음을
반영하여 학생들이 실제로 그들
주변에 있는 예술과 세계를 보도록
장려했다.

1925년 출판된 '*교수 스케치북*'
45 은 **바우하우스 책**들의 두 번째
출판물이었다.
1 **발터 그로피우스**와 **라즐로 모홀리
37 나기**에 의하여 편집된 책들은
오늘날에도 여전히 출판되고
있고 예술적인 표현에 단계적으로
접근하고 있다. 클레가 설명하기를
'내가 교수로서 왔을 때, 나는 내가
무의식적으로 하는 것에 익숙했던
것을 명확하게 설명해야만 했다.'[1]
그는 그의 교육과정을 개선하는
과정에서 손으로 쓴 300장 이상의
원고를 써냈다. 그 원고는 43
개의 강의로 정리되었다. 각각은
일상생활로부터 그려진 사례들로
도안되어 있었다. 체스보드로부터
폭포, 공중줄타기까지, 상상할 수
있는 모든 것이 그려져 있었다.

수업은 집짓는 블록처럼 진행되었다. 첫 번째 강의에서 클레는 점이 선이 되기 위하여 어떻게 움직여지는지 보여주었고 그러고 나서 선이 어떻게 평면이 되는지 보여주었다. 바우하우스의 많은 측면들과 같이, 그의 접근은 그 누가 봐도 알 수 있는 간단함 때문에 혁명적인 것이었다.

클레의 능동적인 선에 대한 주장과 함께, 드로잉과 페인팅은 역동적이 되었고 문자적 의미를 넘어서 형이상학적이고 정신적인 영역으로 이동해 갔다. 선은 또한 현재 예술로 여겨지는 것을 형성한 수행적인 관념으로 보일 수 있었다. 그것의 영향은 회화, 조각, 퍼포먼스 아트와 그 이상을 통해서 느껴질 수 있었다.

클레의 영향

클레의 작업은 광범위한
영향을 낳았다. **요제프** 47
알베르스는 일종의 공연인
예술에 대한 클레의
아이디어를 북아메리카에서의
그의 교육에 포함시켰다.
그곳에서 윌리엄 데 쿠닝과
로버트 라우젠버그와
같은 예술가들에게
영감을 불어넣었다. 추상
표현주의자들은 또한 상징과
기호에 대한 클레의 활용을
받아들였다. 그의 작업은
영국의 옵아티스트 브리지트
라일리와 조화를 이루었다.
라일리는 후에 클레의 작업
전시를 큐레이팅했다. 그녀는
1950년대 후반과 60년대
초반 그녀가 그녀자신의
출발점을 찾고 있을 때[2] 그를
가장 중요하게 묘사했다.
놀랍게도 그는 또한 1965
년 프리더 나케에 의해
만들어진 알고리즘 컴퓨터
아트의 초기 작업 '오마주
파울 클레' 13/9/65 Nr.2에
발판이 되기도 했다. 그리고
클레의 작업은 지속적으로
영감을 불어넣었다. '산책을
위한 동선을 선택'은 시엘
파울러에 의하여 만들어진
동시대 작품이다. 갤러리의
바닥과 만나는 백색 선이
특징이다.

앞 페이지. 바우하우스 북 no.2
교수 스케치북,
파울 클레, 1925

책 표지

JOSEF ALBERS

47

요제프 알베르스

학생, 1920-3
신임 마스터, 1923-5
마스터, 1925-33

럭스 파이닝거는 요제프 알베르스가 루브르 박물관 강사에게서 기대할 만한 종교적 신념같은 것으로 종이상자 공장을 통해 수업을 운영했다고 묘사했다. '어떠한 종교적인 확신을 가지고 루브르에서 사람들은 강연자에게 기대하고 있었다.'[1] 알베르스의 열정은 가장 일상적인 재료로 보이는 것으로부터도 영감을 받을 수 있었다.

바우하우스의 다양한 기록들을 보면 알베르스는 1920년에 등록했고, 1925년 마스터가 된 첫 번째 학생이었다. 그는 글라스 페인팅 워크숍에서 시작했다. 그의 실험들을
11 통해 ***조각 그림***을 만들고 후에 목공 워크숍의 수장이 되었다. 그러나 럭스 파이닝거가 묘사하기를, 그가
5 ***보르쿠스*** 과정을 조정하게 되면서 그 과정은 모든 바우하우스 과정들 가운데 가장 개성적인 것이 되었다.[2]
88 알베르스는 그 과정을 **블랙 마운틴 칼리지**로 가져갔고 이후 예일 대학으로 가져갔다. 그렇게 함으로써 20세기 후반 반세기에 아메리카 예술에 영향을 끼쳤다. 보르쿠스 과정은 감촉과 모습을 통해 석재, 유리, 나무껍질과 같은 재료들의 연구에서부터 시작했다. 재료에 대한 지식은 가르쳐지는 것이 아니라 오히려 직접 경험한 관찰을 통해 얻어진다고 알베르스는 믿었다. 그는 그의 교육방식을 그가 작업하면서 발전시켰다. 후에 미국 교육 시스템의 요구에 적용시키고자 했고 그것을 '새로운 시각적 교육'이라고 선언했다. 돌이켜 보자면 '예외적인 성공' 이었다.[3]

미국에서, 그의 평판은 점점 높아졌다. 1950년 그는 예일 대학으로 옮겨갔다. 그 해, 알베르스는 그의 가장 잘 알려진 일련의 작품들을 시작했다. '사각형에 대한 경의'은 뉴욕의 메트로폴리탄 뮤지엄에 살아있는 예술가에게 제시하는 첫 번째 개인전의 토대를 마련했다. 연구실과 같은 정확성으로 채색한 입체 평면으로 만들어진 수천 개 이상의 사각형의 변주곡들을 통해서, 알베르스는 지각의 효과를 탐구했다. '해결될 먼 훗날 문제들을 찾고 나 자신의 개발을 위해 일하는 학생으로 남기를 바랐다.' 어떤 문제들은 영향력 있는 책 '***색채의*** 97
상호작용'에서 흘깃 찾아볼 수 있다.

앞 페이지. *사각형에 대한 경의*
요제프 알베르스, 1958
섬유판 위 오일

ANNI ALBERS

48

아니 알베르스

학생, 1922-8
섬유워크숍의 지도자 역할, 1929-30

많은 바우하우스의 여성들과
마찬가지로, 아니 알베르스는 섬유
워크숍에서 그녀의 평판을 확고히
했다. **루시아 모홀리**와 비교하자면,
38 **요제프 알베르스**와 그녀의 결혼은
47 사실상 그녀의 경력을 발전시켰고,
그녀의 가장 위대한 영예는
바우하우스 이후에 나왔다.

아니는 베틀에서 직접 실험을 하였고
이는 개별 품목과 대량생산을
이끌어낼 재료의 직접적인 이해를
발전시킬 것이라 믿었다.[1] 섬유에
있어서, 그녀는 요제프의 유리
42 작품이든 **마르셀 브로이어**의 강관
가구이든 상관없이 매체 전역에
걸쳐 발생하는 추상성을 연상시켰다.
14 **파울 클레**는 중요한 영향을 끼치는
46 사람이었다. 특히 그가 '**산책 중의
능동적인 선**'에 관하여 이야기 하는
것을 들으면서 아니는 맹세했다.
'나는 내가 할 수 있는 어디에서나
섬유를을 받아들일 것이다.'[2]

5 그녀의 ***보르쿠스*** 교육에 충실하고자,
아니는 삼베, 지사와 결합한 셀로판과
같은 다른 재료들을 시험했고
레이온과 다른 합성 직물들을 일찍이
사용했다. 그녀의 접근을 유형화하는
것은 그녀의 졸업 시험을 위하여 만든
작품이고 ADGB **노동조합 학교**의 67
강당을 위한 빛을 반사하고 음향을
흡수하는 벽걸이였다.

그것은 셔닐과 휴일에 이탈리아에서
구입한 모자로부터 벗긴 셀로판으로
만들어졌다. 아니는 요제프와 함께
미국으로 이민했고, **블랙 마운틴** 88
칼리지에 처음으로 자리를 잡았다.
그녀의 작업은 교육과 예술적 과제와
상업적 의뢰가 균형을 이루고 있었다.
뉴욕 유태 박물관을 위한 1965년의
여섯 기도자들과 같은 예술적 작업과
로젠탈과 크롤 사와 같은 기업들을
위하여 상업적인 의뢰도 수행했다.
그녀는 멕시코와 남아메리카에
여행하면서 영감을 받았고
인쇄기술로 확장되었다. 그리고
모마에서의 전시로 존경받는 첫 번째
텍스타일 아티스트가 되었다. 또한
책 '**제직에 관하여**'와 같은 영향력 98
있는 책을 저술하기도 했다. 그러나
가장 존경받는 바우하우스 여성 중
한명인 아니 조차도 종종 의심할
바 없이 그녀가 그래야 했을 그녀
자신의 권리를 가진 한 사람이기보다
예술가의 배우자로 묘사되는 좌절을
언급했다.

여성 직물기술자

바우하우스의 첫 번째 학교
안내서에는 나이와 성별에
상관없이 입학을 약속했으나,
성별에 관한 선입견은
학교 내에서 지속되었다.
오티 베르거는 건축학을 78
교육받길 원했다. 한편 아니
알베르스의 주된 관심은
그녀의 순수 예술에 대한
배경지식으로 **칸딘스키**와 27
클레와 함께 공부하는
것이었다. 둘은 모두 여성의
분야로 질 일려지게 된 직조
쪽으로 밀렸다. 알베르스는
그것을 계집애 같다고
묘사했지만 그녀는 그녀가
바우하우스에서 머무를 수
있는 유일한 방법은 워크숍에
참여하는 것이란 걸 알았다.[3]
마리안느 브란트와 같이 60
여학생들이 다른 워크숍에서
작업하는 것은 예외였다.
1930년, 디에 워체 신문은
여성 학생들이 표제를 붙인
'소녀들도 무언가를 배우고
싶다'라는 헤드라인으로
여학생들의 기사를 실었다.
반면 모집공고에는 **하네스** 62
마이어가 제시한 매력적인
질문이 있었다. '학생으로서
진정으로 동등한 기회를
찾고 있나요?'[5] 하지만
바우하우스가 절대 이행하지
않았던 약속이었다.

앞페이지. 1926년 완성되지 못한
벽체장식을 위한 디자인
아니 알베르스
종이 위 구야슈

STACKING TABLES

49

스태킹(적층) 테이블

마르셀 브로이어

1925–6

둥글게 굽힌 금속관의 다리를 갖는, 42 **마르셀 브로이어**의 스태킹(적층) 테이블은 너무나 단순해 보이며, 제작되어야만 한다고 상상하기 어렵다. 이 클래식한 디자인은 36 **데사우의 새로운 바우하우스 건물**의 구내식당에서 사용된 스툴로서, 바우하우스의 스튜디오 내에 있는 테이블로서 처음 모습을 나타냈다. 바로 이런 다재다능함이 브로이어와 현대 디자인의 관심에 자극을 주었다.

그러나 스테킹 테이블의 광범위한 관심은 의심할 바 없이 학교와의 연관으로 이득을 봤음에도 불구하고 브로이어는 바우하우스와는 무관하게 디자인 되었다고 주장했다. 결정적으로 디자인에 대한 그의 권리를 유지하는 것을 43 의미했다. 그렇게 **바실리 체어**와 같이, 스탠더드 뫼벨에 의하여 생산되기 시작했고 스태킹 테이블 (모델 B9)로 1927년 홍보전단으로 처음 선전되기 시작했다. 1929년부터 의자와 함께, 토네트 사에서 생산하기 시작했다.

브로이어는 '우리는 이전 시대보다 빠르게 삶의 방식을 바꾸고, 이제는 우리의 주변 환경이 상응하는 변화에 예속되어야 하는 것만이 자연스러운 것이라고 주장했다.' 그러므로 우리는 가능한 한, 많은 부분에서 선택 가능하고, 이동가능하고 다양하게 결합 가능한 가구, 공간, 건축물을 가지고 와야만 한다.[1] 테이블을 쌓는 것은 현대적으로 보였고 현대적이었다. 브로이어에 의하면, 오직 '동시대 삶을 위하여 필요한 기구들'[2]이다. 테이블의 매끈한 선들로 그들이 디자인 되었던 기계시대를 반영하고, 테이블은 안정적이고 강할 뿐 아니라 가볍고 휴대가 쉬웠다. 다리를 달기 보다는, 연속적인 금속 활주부가 테이블을 이동시키는데 더 쉽게 한다. 브로이어가 이후 관형의 가구들에 사용한 특징이다. 이 테이블이 시리즈 중 가장 경제적이라는 점은 더 인기가 있었다. 오늘날 디자인 혹은 셀 수 없이 많은 차후의 복제품들 중 하나는 인테리어에 비슷한 경관을 만들었다. 그것은 세계 동시대 삶의 의심할 나위 없이 일부가 되었다.

바우하우스와 융커스

어떤 사람들은 브로이어의 강관 가구는 융커스 항공 회사에서 사용되는 금속의 구부리는 기술에 의하여 영감을 얻었다. 그 공장은 데사우에 위치했다.[3] 어느 쪽이든, 바우하우스와 공장 사이에 잘 확립된 연계가 있었다. 공장의 수장, 휴고 융커스는 바우하우스를 데사우로 옮기고자 하는 선전에 있어 중요한 역할을 했다. 연구와 실험에 대한 그의 강조는 바우하우스의 작업을 보완했다. 항공기에 덧붙여, 교각 건축에서부터 주택 건축에까지 모든 것을 포함했다. 융커스는 데사우의 **바우하우스 건물**에 난방과 36 온수를 위하여 사용된 열역학 기관들을 창조하고 유지하고 관찰했다. 또한 **마스터스** 50 **하우스**와 **데사우 퇴르텐**에도 53 사용되었다. 그리고 1932년, 7명의 바우하우스 학생들은 실현되지 않은 융커스의 급진적인 노동자들의 하우징 계획을 만들었다. 대규모의 스포츠 시설과 함께 공동의 식사 공간, 아동 보육, 예산관리 까지 가능한 거주지를 구상했다. 브로이어의 사고와도 완전히 다른 새로운 삶에 대한 접근이었다.

앞 페이지. 스태킹 테이블
마르셀 브로이어, 1925-6

MASTERS' HOUSES

50

마스터스 하우스

발터 그로피우스

완공 1926

1926-8에 만들어진 일련의
다큐멘터리들, '우리는 어떻게
건강하고 경제적인 방식으로 살
수 있을까?'라는 필름에서, 이세
그로피우스는 그의 남편인 **발터**
1 **그로피우스**가 다시 디자인하고
건축한 교장의 주거에서 가능한
해답들을 보여주었다. 건강하고
경제적인 것이 되기 위하여 이세는
외관상으로 내부 환기장치,
붙박이 장 그리고 접이식 다리미판
그리고 몇몇의 장치들을 현대적
36 주부를 위해 고안했다. **바우하우스**
건물로부터 걸어서 몇 분 거리에
떨어져있는 마스터스 하우스는 발터
그로피우스가 그 자신을 모더니티의
최전방에 위치시켰다.

발터의 하우스는 조명에서부터
장식장까지 모두 바우하우스
6 **워크숍**에서 함께 작업해서 만들었다.
38 1926년의 **루시아 모홀리**에 의한
사진은 거실의 차를 준비하는
코너를 보여주는데 주방까지 갈
필요성을 줄여주고 바우하우스적
디자인으로 채워놓았다. 오토
리트베거와 볼프강 튬펠 에 의해
만들어진 티 볼, 빌헬름 바겐펠트가
47 만든 차 가방, **요제프 알베르스**에
의한 유리제품이 있었다.

같은 구획의 토지에, 발터
그로피우스는 3개의 마스터스
하우스를 만들었다. 우선 **라즐로** 37
모홀리 나기와 라이오넬 파이닝거,
게오르크 무헤와 **오스카 슐레머**, 17
바실리 칸딘스키와 **파울 클레**에게 27 14
집을 제공했다. 이러한 혁신적인
합벽 주거는 모듈러 시스템에 토대를
두고, 각 주거의 평면 계획은 90도
회전한 맞은 편 주거를 연상시킨다.
그들의 거대한 창문, 유리
전면의 계단실 발코니, 테라스는
노송으로 유명한 주변 환경을
십분 활용한다. 내부는 잘 정비된
부엌에 붙박이장들이 있고, 맞춤
설치된 욕실, 커다란 거실이 있었다.
하이라이트는 공간적으로 열린
1층 스튜디오이다. 색채 계획은 벽화
워크숍에서 고안되었고 개인적인
취향을 반영했다. 칸딘스키의
검은 벽으로 둘러진 다이닝 룸과
게오르그 무헤의 금빛 포장지로
선을 표현한 니치가 있는 핑크색
거실을 만들었다.

그로피우스의 건축적 모더니티의
비전은 계급을 기반으로 했다.
데사우 퇴르텐에 적절한 집합주거에 53
대한 그의 제안은 1926년
시작되었다. 퇴르텐의 주거들은 그
해 완성되었는데 거실에서 공간까지
마스터스 하우스에 그토록 희망했던
특별한 개성들이 빠져있었다.

오늘날 마스터스 하우스

교장의 집과 모홀리 나기의 이전 집은 전쟁과 1950년대에 거의 파괴되었다. 새로운 주거는 교장의 집 자리에 지어졌다. 오늘날 브루노 피오레티 마르케스의 베를린 작업에 의한 동시대의 해석을 통해 건물이 섰다. 그것은 '불확정성의 건축'이라고 묘사하는 것을 창조했다. 비록 그 건축물이 동감할 수 있는, 모더니스트 스타일로 건축되었으나, 원작과 새로운 버전 사이에 차이는 여전히 분명하다. 방문객들은 각각의 주택을 탐방할 수 있다. 단 무헤와 슐레머의 주거는 답사가 불가능하며 예술가들의 레지던스 프로그램을 위해 사용되고 있다. 이세 그로피우스가 상영한 영화 속 집은 그 주거들 중 하나이다.

앞 페이지. 데사우 마스터스 하우스
발터 그로피우스, 1925 완공

Nesting Tables

51

네스팅 테이블

요제프 알베르스

1926–7

1920년대에 작업한 위대한 두
바우하우스 아티스트는 네스팅
테이블 혹은 스테킹 테이블의
전통적인 형태를 재발견하기 위해
42 노력했다. **마르셀 브로이어**가 강관을
활용하여 스툴과 테이블을 모두
디자인하고 있는 동안, **요제프**
47 **알베르스**는 나무와 유리 같은 더
친숙한 재료를 사용했다.

네스팅 혹은 스테킹 테이블은 19 세기 초반 영국에서 인기를 얻었다. 그러한 공간 절약의 특성은 더 작은 집들에 적합했고 20세기 유럽에 더욱 그러했다. 사실, 알베르스의 작업은 그의 작품생산 때문에 인정받은 것이라기보다는 브로이어가 그러했듯이 베를린에 있는 그들 친구의 아파트에서 인정받았다. 비록 그 이후의 디자인이었으나, 알베르스의 테이블은 브로이어의 디자인보다 더 전통적으로 보였다. 글라스 페인팅 워크숍과 목공 워크숍의 마스터였던 알베르스는 그가 작업하는데 좋았던 재료들을 사용했다. 테이블 위 채색된 유리는 바우하우스 색채인 레드, 옐로우, 블루 그리고 옅은 그린으로 표현되었다.

알베르스의 테이블은 재료를
선택하는데 그의 바우하우스에서의
경험을 참고했다. 비록 재료들이
금속의 기계적인 빛깔은 없었지만,
그리드에 대한 알베르스의 관심을
반영했다. 그러한 사각형의 형태는
그의 **유리작업**에서 찾아볼 수 있다. 11
그리고 이후의 '사각형에 대한
경의' 회화 시리즈에도 나타난다.
더 후에, 그는 어떻게 색채가
서로 상호작용하는가를 탐구했다.
채색된 테이블을 통해, 그의 사고는
실현되었다. 그 사고들은 디자인으로
받아들여졌고 그가 설명한 바와
같이, 독립적이고 상호보완적으로
작용할 수 있었다.[1]

앞 페이지. 네스팅 테이블
요제프 알베르스, 1926-7

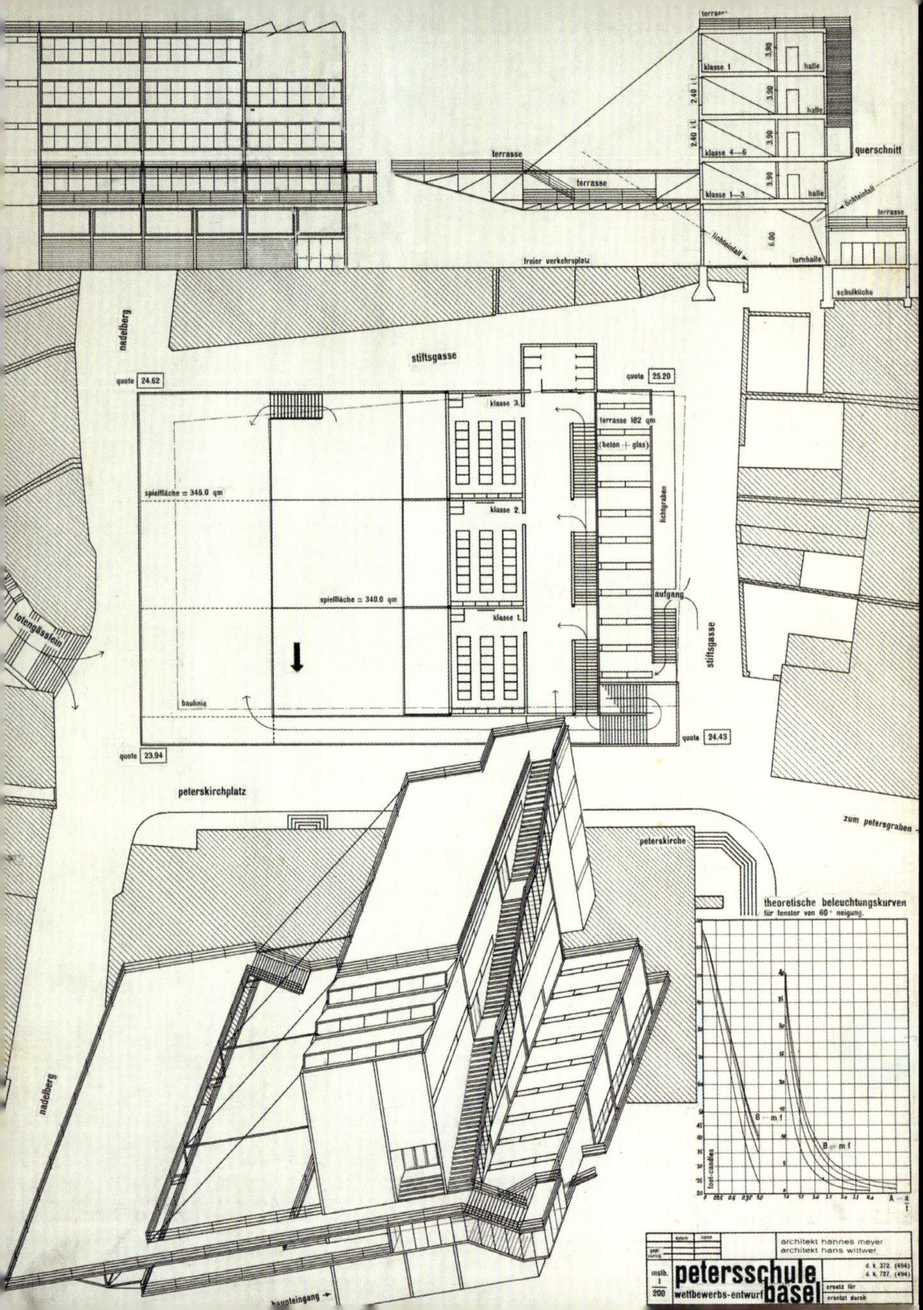

COMPETITION DESIGN FOR THE PETERSSCHULE

52

페터스슐레 디자인 공모전

하네스 마이어와 한스 비트버

1926

62 많은 마스터들과 마찬가지로, **하네스 마이어**는 그의 경력에 돌파구를 찾던 중 바우하우스에 합류하도록 초대되었다. 다른 마스터들과
1 달리, **발터 그로피우스**는 마이어의 지어지지 못한 작품에 감동받았다. 그것은 스위스 바젤의 여성학교를 위한 디자인이었다.

그 작업은 마이어와 한스 비트버에 의하여 디자인 되었다. 건축 공모전에서 수상할 수 없었을 뿐 아니라 이 작품은 첫 번째 심사에서부터 제외되었다. 비슷하게, 제네바에서는 국제연합 빌딩에 대한 마이어와 비트버의 1927년 공모전 디자인 역시 지어질 수 없었다. 두 작품 모두 두 작가를 널리 알리게 만들었다. 100개의 디자인이 새로운 페터스슐레 공모전에 제출되었고 마이어와 비트버의 작품은 가장 영향력이 있다고 논의되었다.

그 명성은 부분적으로 학교의 구조를 어떻게 재고하는가에 있었다. '개별적인 구축단위 (cells)'[1]는 그들의 기능에 따라 배치되는데 교실, 운동장, 욕실, 주방 등의 구분에 따라 이루어졌다. 그들의 형태, 크기, 위치는 태양광에 노출되는 변수에 따라서 결정되었다. 그러한 계산은 디자인의 가장 놀라운 측면 중 하나이다. 11개의 교실, 예술실, 체육실, 수영장, 주방, 식당 시설이 운동장을 위한 500㎡ 만을 제외하고 대지위에 모두 채워졌다. 대신 마이어와 비트버는 2개의 데크로 된 플랫폼을 디자인했는데 거대한 케이블로 들어 올려져 메인 건물동의 측면에 튀어나오도록 했다. 그곳에서 태양광과 신선한 공기[2]를 만날 수 있었고 아무런 장식이 없는 규격화된 콘크리트 건물과는 확연히 대조적인 모습을 제시했다.

마이어와 비트버는 그들의 디자인을 바우하우스 저널에 출판하기를 요구받았다. 그들은 자신의 디자인을 수정하였고 일사량의 연산을 포함하여 디자인의 객관성을 높였다. 또한 건축물의 동선 방식을 바꾸고, 건축물 외부로 밝은 계단실을 추가했다. 마이어에 의하여 후에 디자인된 그러한 특징은 **ADGB 노동조합 학교**와 흡사했다. 67

앞 페이지. 바젤 페테스슐레를 위한 공모전 디자인
하네스 마이어와 한스 비트버, 1926
건축 계획

DESSAU-TÖRTEN HOUSING ESTATE

53

데사우 퇴르텐 주택개발단지

1925–30

1차 세계대전이후에, 건축적 논쟁은 독일의 심각한 주거 부족을 어떻게 극복하는가에 집중했다.
1 데사우 퇴르텐에서, **그로피우스**는 실험 무대를 위한 기회를 얻었다.[1] 시로부터 재정지원을 받아, 남쪽 지역의 대지에, 314세대의 주거의 건축을 디자인하고 감독했다. 바우하우스는 경제적인 대규모 주택 단지를 위한 해결책을 제안했다.

이론적인 논의에서, 그로피우스는 개별적인 형태들로 재배치할 수 있는 블록 내의 건축물에 대하여 이야기했다. 궁극적으로, 4가지 유형의 주거들이 사용되었고 3 가지 단계로 나뉘어 건축되었다. 조심스럽게 계획된 건축은 조립작업 라인에 영향을 받았고 공사비를 줄이도록 의도하여 콘크리트 연결부 등에 사전 제작된 조립식 부재들을 적용하였다. 외피는 플라스터 바름까지 포함해서 6시간 만에 완성될 수 있었다.

주거단지는 중앙 냉난방 시스템을 활용하는 등 현대적인 편의를 제공할 수 있게 되었지만, 거주민들은 주거 밖의 화장실과 주방 세척실에 만족하지 못했다.
마스터스 하우스와 대조적으로 50
그들은 애완동물을 키우고 싶어 했고 그들의 정원에서 채소를 기르고자 했다.

디자인은 기본적인 오류가 있었다. 수평적인 유리창은 너무 높게 배치되었고 밀폐된 공간을 만들어 부분적으로만 환기가 가능했다. 당연하게, 원래의 유리창은 오직 몇몇의 주거에만 남겨져 있다. 또 조금 폭넓은 문제가 존재했다. 주거단지는 도시의 중심에서 벗어나 있었고 데사우 퇴르텐은 편의시설이 부족했다.

1964년 대화에서, 그로피우스는 그의 디자인을 얼마간 엄격하고 가혹한 것으로 묘사했다. 사전에 제작하여 조립식으로 전체 주거를 디자인 한 것은 그가 인정했듯이 실수였다. 그의 이웃들과 전혀 구분되지 않는 모든 주거를 만들어 낸 것이다.[2]

데사우 퇴르텐의 다양한 실험

데사우 퇴르텐은 1926–7의 게오르그 무헤와 리차드 파울리크에 의한 스틸 하우스와 같이 부차적인 프로젝트를 진행하는 대지였다. 그리고 그로피우스 오피스의 제도사였던 칼 피거에 의한 1927년 주택도 그러했다. 재정적인 문제들로 인하여 어느 것도 재생산될 수 없었다. 그러나 20년대 후반, 마지막 바우하우스의 실험이 그 대지에서 실현되었다.
발코니를 통해 출입할 수 70
있는 주택들이었다.

앞 페이지. 데사우 퇴르텐 주택개발단지의 아파트 주거 발터 그로피우스, 1926-8

Theatre at the Bauhaus

54

바우하우스 극장

1921–9

17 **오스카 슐레머**의 아내에 따르면, 바우하우스 극장에서의 역할은 단추 구멍의 꽃이었다.[1] 극장은 바우하우스의 평판을 상당히 높여 놓았다. 바우하우스의 생산물의 나머지와 같이, 그의 관심은 어떻게 극장을 현대적으로 만드는가였다. 슐레머의 말에 따르면, '적어도 정통극을 공연할 수 있는 예술적인 형태에 도달했다고 했다.'[2] 극장 워크숍은 로타 슈라이어에 의하여 1921년 시작되었다. 그는 곧 슐레머에게 자리를 내주었다. 슐레머는 그의 비전을 실현했다. 전통적인 배경, 구성, 대화를 완전히 걷어내고자 했는데, 어떠한 공간, 형태, 색채가 사람들에게 영향을 미칠 수 있는가를 탐구하고자 했다.[3]
93 슐레머의 접근은 **삼부작 발레**와 일련의 '공간 해석' 무용들을 통해서 실현되었다. 형태 댄스, 제스춰 댄스, 스페이스 댄스 등이 있었다. 데사우에서, 학교 건물 자체는 연극을 위한 '옥외 무대'[4]가 되었다.

많은 바우하우스의 연극, 1923년
21 **바우하우스 전시**기간 동안 공연했던 '인간형상의 카바레'와 같은 연극은 새로운 기계시대의 의미를 탐구했다. 그것은 조립작업 라인을 패러디 한 공연이었다. 쿠르트 슈미트의 '기계식 카바레'는 우리 시대의 기술주의적 정신을 춤을 통해서 새로운 형식으로 표현하고자 했다. 무용수들은 획일적이고 지속적인 리듬에 맞추어 마치 로봇처럼 움직였다.[5]

하네스 마이어가 교장으로 있는 62
동안, 슐레머는 바우하우스의 생산물들은 독자적이고 형상적이고 너무나 개성적이라고 비평했다고 썼다.[6] 소련의 극단에 영향을 받은 작업들이 시작되어 인기를 끌기 시작했다. 바우하우스의 극장 프로그램은 1929년 공간 해석 무용들을 포함해서 독일과 스위스의 도시들에 투어를 했고 더 많은 관객과 만날 수 있었으나 워크숍은 재정적인 이유로 폐쇄되었다.

바우하우스에서 만들어진 연극은 큰 영향을 끼쳤다. 퍼포먼스 아트 큐레이터 로즈 리 골드베르크는 50년 후에 다음과 같이 기록했다. '20세기 독일의 퍼포먼스의 발전은 바우하우스 오스카 슐레머의 개척가적인 작업들에 상당히 기인한다.'[7]

위. 무대 위, 알 수 없는 복장의 광대
오스카 슐레머
작가미상, 1920년경
사진

앞 페이지. 무대 위 오스카 슐레머,
지드호프, 카민스키, 1927년경
사진

THE SCHOOL OF ARCHITECTURE

55

건축 학교

1927–33

‘모든 시각 예술의 궁극적인 목표는 건축물의 완성이다.’[1]라고
1 **발터**
7 **그로피우스**는 1919년 **바우하우스 선언문**에서 주장했다. 그러한 연구를 주제로 하는 건축이 설립되기까지 8년이 필요했다. 당시까지. 건축 교육은 그로피우스의 실무 작업에서만 가능했다.

그로피우스가 스위스의 건축가
62 **하네스 마이어**를 초대하면서 그러한 사정은 변화했다. 마이어는 그의 작업과 공모전의 참가, 비트버의
52 **페테스슐레**의 디자인 등으로 평판이 높아졌다. 1927년 학교의 일원이 되었다. 다음에 그는 교장이 되었다.

마이어는 그로피우스에 관하여 알리기를, ‘그의 교육은 가장 확실하게 기능적이고 구축적이다.’[2] 그리고 그의 건축 교과과정은 제도 수업, 디자인, 시공, 프로젝트 그리고 단지 계획까지 포함되었고 마르트 스탐과 루드비히 힐버자이머와 같은 강사와 강연자들이 가르쳤다. 이론은 프로젝트를 통해서 실현되었는데
67 **ADGB 노동조합 학교**와 **발코니로**
70 **출입하는 주택들**이 있었다. 이러한 프로젝트는 새로운 주택단지가 궁극적으로 공공복지의 목표라는 마이어의 믿음의 결과였다.[3]

루드비히 미스 반 데어 로에의 75
교육은 실무적인 교육보다도 훨씬 더 나아갔다. ‘나는 워크숍과 학교를 원하지 않는다.’ ‘나는 학교만을 원한다.’고 그는 주장했다.[4] 힐버자이머의 도시 계획에서와 같이, 마이어 커리큘럼의 많은 요소들은 지켜졌다. 그들의 네 번째 학기, 학생들은 미스에게 교육받았다. 반면 마이어는 ‘집짓기’ 혹은‘건축’에 관하여 이야기 했고 미스는 ‘건축술’, 건축의 예술에 관하여 언급했다. 그리고 실무적인 특성들 이상으로 미학적인 고려사항들을 강조했다. 사회적 프로젝트에 시름하기 보다는, 미스의 학생들은 거주가능한 지역의 저층 건축물을 작업했다.[5] 그의 작업의 중심은 그러한 유형의 주택이었다.

다양한 접근에도 불구하고, 건축 부문은 상대적으로 짧게 유지되었다. 바우하우스 스타일의 개념은 여전히
유용하다. **루시아 모홀리**가 언급한 38
이론들은 1985년 이후 가치 있는 것으로 남았다. 당시의 건축이 스스로 다른 해석을 낳았더라도, 그리고 아마도 정확하게는 다른 해석을 낳았기 때문에, 변함없이 가치 있는 것으로 받아들여진다.[6]

앞 페이지. 데사우에서 건축 학생들
스텔라 스테인, 1932
사진

THE 'HUMAN BEING' COURSE

56

인간 탐구 교과

1928-9

위. *인물 도면 K 1*의 디테일

그의 동시대 작업들과는
17 대조적으로, **오스카 슐레머**는 추상화의 과정에서 인간을 관찰하는 것을 그만두고 싶지 않았다. 그의 생각은 '인간' 과정 수업에서 정식화되었다. 그는 1928년부터 이 수업을 가르쳤다.

1928년부터 슐레머가 그의 수업을 위하여 사용한 작업, '생각의 구체안의 인간'은 콘텐츠로 접근하는 하나의 방식이었다. 수업에서는 운동 상태에 있는 신체의 윤곽선을 보여준다. 그 윤곽은 언어의 바다에 둘러싸여 있었다. 공간과 시간, 윤리, 심리학, 미학과 피, 관절, 근육과 같은 기본적인 생물학 용어에 까지도 표현할 수 있었다. 그것은 어떠한 시대 어떠한 순간에도 개인을 형성한다고 믿는 많은 사고와 힘의 감각을 대변하는 과정이었다.

가르침에 있어서, 슐레머는 그러한 영향들을 세 가지 부분으로 구분했다. 형태적인 것, 생물학적인 것 그리고 철학적인 것. 형태적인 것은 과학과 예술의 역사를 잇는 것으로 예술을 통해서 형태를 대변하는 탐구는 물론 물리적인 공학과 운동역학의 법칙을 포함했다. 생물학적인 것은 인간의 신체 그리고 어떻게 신체가 기능하는가를 연구하고 철학적인 것은 고대로부터 현대까지 사고의 방식을 실험한다. 그것은 활기찬 혼합으로서 이해하는 과정이지만 슐레머는 요소들의 충돌에는 비판적이었다. 그는 낙심하여 기록했다. '효과적으로 공명하는 것을 발견하지 못한다면, 그것은 전적으로 헛된 말이다.'[1] 수업 자체는 오래 유지되지 않았다. 슐레머는 1929년 바우하우스를 떠났다. 그의 인간의 신체에 대한 사고는 바우하우스에 스며들었고 다른 방식으로 영향을 끼쳤음을 확인할 수 있었다. 대부분의 경우,
바우하우스의 그의 **연극** 작업을 54
통해 유명해 졌다.

앞 페이지. *인물 도면 K 1*
오스카 슐레머, 1921
석판화

Bauhaus Dress

57

바우하우스 드레스

리스 바이엘 보글러

1928

아마 당신은 이 드레스를 아무런 생각 없이 흘려 보았을 것 같다. 에리히 43 콘제뮬러의 **바실리 체어**를 찍은 유명한 사진에서, 드레스는 마스크를 쓴 여인이 입고 있었다. 이러한 모습에도 불구하고, 드레스에 관하여는 아주 조금의 정보밖에는 없다. 바우하우스의 옷들 가운데 살아남은 몇 안 되는 작품 중 하나이다. 이 드레스는 적어도 두 가지 버전이 1 존재한다고 알려졌다. 하나는 **발터의 아내** 이세 그로피우스가 소유한 것이 있고 다른 하나는 도라 피들러를 위해 만들어졌다. 그녀는 건축가 칼 피들러의 아내였다.

리스 바이엘(보글러는 그녀의 결혼 후 이름이다)은 1925년 섬유 워크숍에 들어갔다. 그밖에도 그녀는 크레펠트에서 염색 기술을 배웠다. 그녀는 1928년 워크숍에 고용되었고 산업화를 위한 프로토타입을 만들었다. 그리고 염색 워크숍을 감독했다. 짐작컨대, 그녀의 전문지식 탓에 실크와 코튼으로 이 드레스의 형태가 만들어졌고 담청색으로 염색되었다.

101cm 길이에, 드레스는 무릎 위로 민망하게 보이도록 앉혀졌다. 더 짧은 스커트의 사례는 단발머리에, 1920년대 '신여성'과 관련된 것이다. 스커트의 길이는 그 자체로 바우하우스의 벽체를 넘어서 패션과 연관되었다. 그것은 몸에 딱 붙는 드레스가 그것이다. 마치 샤넬의 10여년 일찍 나타난 짧은 블랙 드레스가 연상된다. 그 디자인은 의도적으로 모든 사회 계급의 여성들이 입을 수 있도록 만들어졌다.

콘제뮬러의 사진이 상상되고 찍혀질 때, 동시대와 연결된 것이 인식되는가? 혹은 많은 다른 섬유 작품들과 마찬가지로 여성과 연관되었다는 이유로 간과되지는 않았는가? 어느 것이든, 패션은 바우하우스의 유산은 아니었다. 직조된 생산물의 1925년 리스트에는 스카프, 모자, 블라우스 재료들과 어린이 의복들이 있었으나 여성을 위한 것은 없었다. 그것은 아마도 그러한 아이템들의 제작 주문은 그다지 이익이 되지 않기 때문일 것이다. 그러나 어떻게 바우하우스의 신여성이 드레스를 차려 입게 되었는가를 상상하는 것은 흥미로운 일이다.

현대 예술과 패션. 1965년 이브 생 로랑과 몬드리안 드레스

1965년, 패션 디자이너 이브 생 로랑은 오늘날 '몬드리안 컬렉션' 이라 불리는 것을 풀어놓았다. 그것은 흔히 말해서, 독일의 화가 그리고 바우하우스의 동시대 작가 피에트 몬드리안의 예술에 의하여 영감을 받은 여섯 디자인 때문이다. 그 컬렉션은 또한 카지미르 말레비치 그리고 세르주 폴리아코프와 같은 예술가들에 의하여 영감을 얻는 디자인도 포함되었다. 디자인은 리스 바이엘 보글러의 디자인과 형태적으로 전혀 다르게 보이는 직선과 단순한 변화의 드레스로 표현되었다. 그것은 1960년대의 모더니티를 주장했던 모던 아트였다. 그러나 그 이후로 셀 수 없이 많은 변형들에서 언급되어진 상상력을 사로잡은 것은 바로 몬드리안의 디자인이었다.

앞 페이지. 바우하우스 드레스 리스 바이엘 보글러, 1928

HERBERT BAYER

58

헤르베르트 바이엘

학생, 1921–5
젊은 마스트, 1925–8

42 **마르셀 브로이어**가 그의 금속 가구를 위하여 카탈로그를 정리하던 때, 그는 카탈로그의 디자인을 보면서 그의 이전의 동료 학생을 떠올렸다. 그는 이제 동료 젊은 마스터 헤르베르트 바이엘이 되었다. 브로이어와 같이, 바이엘은 그의 재능을 가지고 미국으로 건너갔다.

27 **바실리 칸딘스키** 아래에서 벽화 워크숍에서 연구하던 바이엘은
59 학생이던 시설동안 **유니버설 바이엘 활자**를 발전시켰다. 젊은 마스터로서, 그는 바이마르 시기 아트 프린팅 워크숍이었던 것을 데사우의 '타이포그래피와 광고 예술'[1]을 위한 워크숍으로 바꾸었다. 학생이었던 막스 겝하르트에 따르면, 모든 인쇄된 재료들, 형태, 포스터, 공공의 브로셔 등 바우하우스의 목표에 필요한 것은 학교의 프린팅 워크숍에서 프린트 되었다. 당시 워크숍은 헤르베르트 바이엘 혹은 학생들에 의한 디자인의 토대에서 운영되었다.[2] 바이엘은 건물 자체를 광고로서 활용하고 있었고 그의 활자는 측면에서 아랫방향으로 건물 이름을 지정하고 있었다.

바이엘의 경력은 그가 1928 년 바우하우스를 떠난 이후부터 가속되었다. 베를린의 도랜드 광고 회사의 예술 감독으로서, 그는 엘리자베스 아덴, 켈로그 그리고 보그의 취향에 맞춰 작업을 진행했다. 그의 작업은 더 즐거워졌다. 그는 초현실적인 모티브를 활용했고 스프레이 페인트 방식과 포토몽타주를 실험했다. 그러나 1930년대 베를린에서의 작업들이 보여주는 현실은 그의 클라이언트에는 나치 정권도 포함되었다는 것이다. 이후 그는 이 시기를 광고의 지옥[3]이라고 묘사했다. 바이엘은 그가 나치 정권의 공포에 얼마나 무지했는가[4]를 끔찍하게 생각했음을 인정했다.

1938년, MoMA에서 열리는 'Bauhaus 1919–1928' 전시의 디자인을 위하여 뉴욕에 초대되어, 바이엘은 어떻게 미국이 바우하우스를 인식하는가를 계획했다. 그는 지속적으로 가르치고, **블랙 마운튼** 88
칼리지에서 강연했다. 미국에서 그가 머무는 동안 칭송받았고 그래픽과 디자인 생산물에 대한 그의 영향은 1943년 '예술과 광과 예술'이라는 전시에서 기념되었다. 바이엘은 전시물들을 배치하면서 실험과 작업들에 대하여 확신을 가지고, 바우하우스의 교육의 장점들을 예시하였다.

앞 페이지. *외로운 메트로폴리탄*
헤르베르트 바이엘, 1932.
실버프린트

universal bayer

59

유니버설 바이엘

헤르베르트 바이엘

1925

유니버설 바이엘 활자는 사실상, 바우하우스를 떠올리게 하는 문자다. 그 활자체의 영향은 실질적인 활용을 훨씬 넘어선다. 학교의 다른 작품들과 같이, 지나치게 야심적이었다. 유니버설 바이엘은 그 이름이 의미하듯이 단순하고 직접적이고 모든 것에 적용이 가능하고 유용했다. 1920년대 다른 바우하우스 디자인과 같이, 수공예작업이라기보다는 대량생산을 확대하기 위한 움직임이었다.

58 기계시대에, **헤르베르트 바이엘**은 'Universal'을 창조했고 그 때문에 인쇄 작업에서 수작업으로 폰트를 모방할 필요는 없었다. 유니버설 바이엘은 sans serif 활자로서, 동일한 굵기의 선을 갖는 기하학적인 블록으로 만들어졌다. 단순히 글자 'm'을 뒤집으면 'w'가 되었다. 바이엘은 더 나아갔다. '왜 우리가 2가지 알파벳으로 쓰고 인쇄해야만 하는가?'라고 물었다. '우리는 대문자 A 그리고 소문자 a로 이야기하지 않는다.'[1] 인쇄에 소문자를 활용하는 것은 바우하우스의 정책이 되었다. 그 결정은 독일에서도 매우 급진적이었다. 당시 독일에서는 모든 명사를 대문자로 사용하고 있었다. 그러한 전통의 거부는 학교 내의 우익에 반대하는 세력에 기름을 붓는 격이 되었다. 그러나 찬양자들에게, 유니버설 바이엘은 모더니티의 상징이었다. 그것은 '새로운 라인'의 깃발처럼 1930년대에 사용되었다. 독일 라이프스타일 매거진은 그러한 표현을 아방가르드 디자인의 주류로 받아들임으로서 소문자의 유니버설 바이엘을 보증했다. 좋아했든 혹은 혐오했든지, 그 활자체는 본질적으로는 모양, 바우하우스적 시각과 연관되어 있었고 사람들의 지각과 연결되었다.

활자는 많은 경우 참조되었다. 심지어 2015년 다시 디자인한 구글 로고는 그 후계자로 언급되기도 했다. 유니버설 바이엘은 주로 전시 디스플레이를 위하여 사용되면서, 제한되어 적용되었다. 이 활자는 숫자, 구두점 등이 부족했고 상업적으로 생산된 것이 아니었다. 사실, 마케팅을 위한 활자체로서, 파울 렌너가 1927년 고안한 덜 딱딱한 활자체, 즉, Futura는 '우리시대의 활자'[2]가 될 수 있을 것이다.

앞 페이지. 유니버설 바이엘 활자체
헤르베르트 바이엘, 1925

디자인

MARIANNE **BRANDT**

60

마리안느 브란트

학생, 1923-9
금속 워크숍 부학장, 1928-9

31 마리안느 브란트의 **티 인퓨저**는
바우하우스의 가장 인정할만한
작품의 하나이다. 그러나 그녀가
예술과 기술을 통합하려는
작업으로서 그녀가 한 공헌의 일부일
37 뿐이다. **라즐로 모홀리 나기**는
그녀가 남성위주의 금속 워크숍에서
인내하고 작업할 수 있도록 했고
바우하우스의 모든 작품모형의 90%
가 그녀로부터 나왔다고 주장했다.[1]
비록 과장되기는 했으나 그녀의
어마어마한 결과물을 보자면, 그것이
믿기기도 한다.

모홀리의 안내 아래에서, 워크숍은 대량생산에 적합한 차 세트에서 조명작업으로 움직여갔다. 1926년 한스 프리지렘벨에 의한 ME 105a 천장 조명과 같은 디자인은 그들의 모더니티를 강조한다. 특히 천장 조명의 케이스는 놀랍게도 오르내림이 가능한 메커니즘을 가지고 있었다. 베를린의 슈빈처 앤 그라프와 라이프찌히의 쾌르팅 앤 마치에센 AG와 함께 비즈니스를 위한 공동작업을 진행했다. 이 회사에서는 여전히 가정적 스타일의 책상, 벽체와 램프를 생산하고 있다. 힌 브렌덴이에크와의 열정적인 워크숍의 시도는 칸뎀 책상 램프 no. 756를 만들었다. 이 제품은 이동 가능한 형태와 결합되었고 훌륭한 빛의 확산과 반사가 가능했다. 조명의 기둥부는 유연하게 구부러질 수 있었다. 덧붙여 브란트는 사진술을 실험하기 위한 시간을 찾았다.

그녀의 명백한 자격에도 불구하고,
브란트는 모홀리가 떠나자, 임시로
금속 워크숍 책임자 직을 얻었다.
워크숍이 점점 커지기 시작할 때,
가구를 바탕으로 한 모델들을
시도하면서, 여성으로서 브란트의
능력은 의심받았다. 그녀는 베를린의
그로피우스를 위해 일하려고 떠났다. 1
그리고 고타의 루펠 공장에서 일했다.
그러나 1933년 고타를 떠난 후,
그녀의 남편과 결별했고 그녀는
그녀의 가족에게 돌아갔고 그곳에서
전후까지 머물렀다.

그러한 좌절에도 불구하고, 브란트가 개인적으로 만들어낸 포토몽타주는 놀라운 것이었다. 1930년경 '열개 손가락으로'는 땅에 떨어진 듯 한 모습의 멋진 젊은 여성을 보여준다. 그녀는 익명의, 무정한 비즈니스맨으로 보이는 자의 끈에 묶인 가혹한 운명에 고통 받는다.

앞 페이지. 차와 커피 세트
마리안느 브란트, 1924년경

Light Prop for an Electric Stage

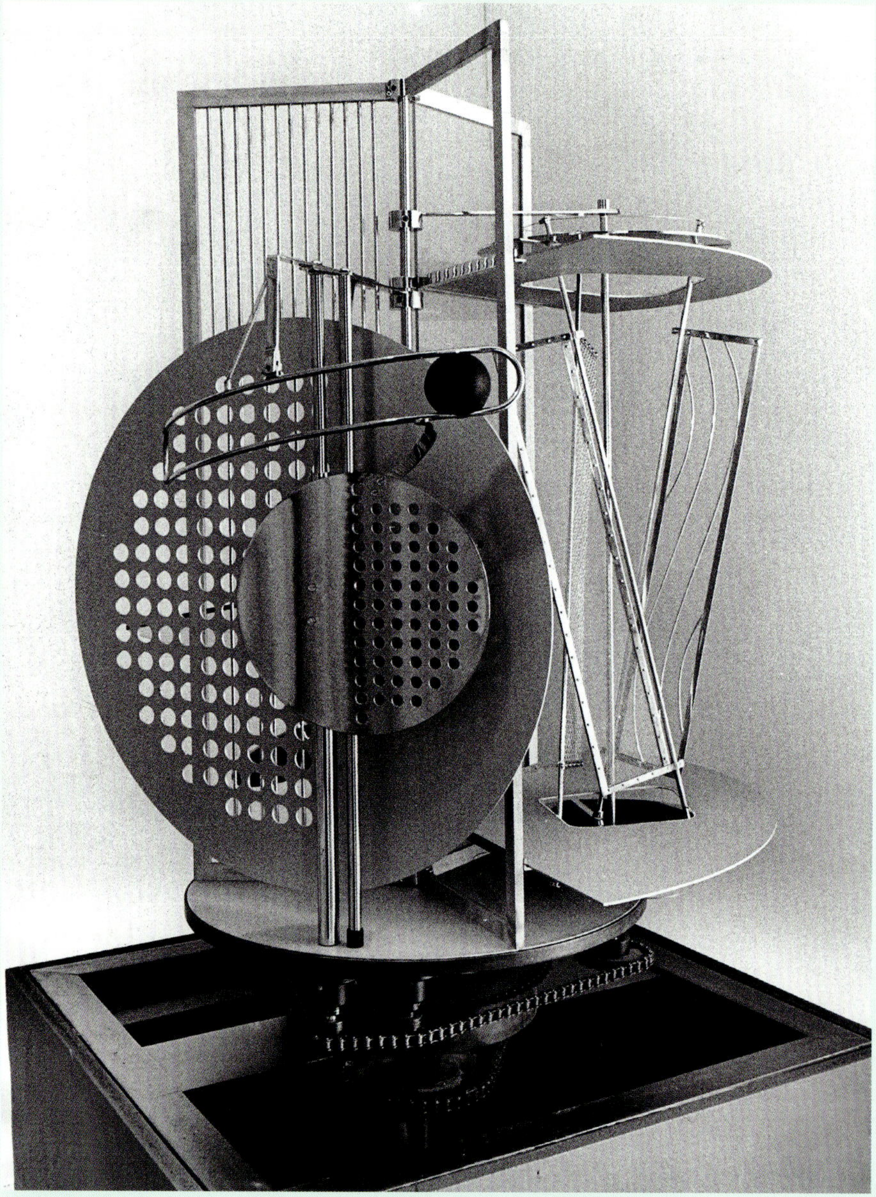

61

일렉트릭 스테이지를 위한 조명기기

라즐로 모홀리 나기

1930

기술, 새로운 재료, 빛. 일렉트릭 스테이지에서 **라즐로 모홀리 나기**의 조명 기구는 모든 예술 작업의 관심사들과 연결되었으나 실은 그렇게 인식되지 않았다. 오히려, 그는 그 조명기구가 수많은 시각적 목적을 가지고 있다고 주장했다.[1]

37

조명의 제작은 모홀리의 바우하우스 기간들에 이어졌으나 그가 떠난뒤 완성되었다. 최종적으로 1930년에 파리에서 열린 '독일공작연맹' 전시에 출품되었다. 조각적인 형태의 작품은 금속 패널, 유리 그리고 플라스틱으로 만들어졌고, 전기 모터가 작동하면, 금속 막대를 중심으로 감겨지기 시작한다. 전구에 불이 들어오면서, 그림자는 움직이고 빛의 상들은 변화하며 빛의 건축이 만들어진다.[2] 조명기구가 작동할 때, 모홀리 나기는 그림자가 뚜렷하게 던져지고 구멍 뚫린 스크린은 새로운 시각 효과, 유동적인 변화들이 상호 침투하는 어떠한 종류를 만든다는 것을 발견하고 얼마나 놀랐는지를 묘사했다.[3]

조명 기구는 1930년 필름에서 보여진 것과 같이 모홀리의 작업에 영향을 끼쳤다. 조명은 검정, 백색, 회색을 연출했다. 이후에는 회화, 사진, 산업 디자인들을 구성했다. 원본 디자인은 엔지니어 이스트반 세보크와 기술자 오토 볼의 도움으로 만들어졌고 이후에 수차례 변경되었다.
모홀리는 1930년대 런던 갤러리와 같은 갤러리 환경에서 조명 기구를 전시하는 동안, 기구는 더 실제적인 용도로 활용되었다. 무대에서 특별한 조명과 작동 효과를 조절하기 위한 메커니즘을 보여주었다. 연기자 그리고 무대장치의 역할을 바꾸어 놓을 수 있는 기계장치로서, 산업 생산된 조명의 실제적 활용을 가능하게 했다.[4] 프로젝트는 모홀리로 시작된 전형적인 미래의 비전이었다. '빛은 검정–백색–회색을 연출한다'는 필름에서 모든 것은 빛에 녹아든다[5]고 묘사한 것과 같은 세계를 열망하는 것이었다.

오늘날의 조명기구

1956년 하버드의 부쉬 라이징거 뮤지엄에 기증하기 전후로 조명기구는 수차례에 걸쳐 수정되었다. 오늘날 매주 몇 분 정도만을 작동시킨다. 작동에 곤란함이 있는 이유는 오직 두 개의 복제품만이 만들어졌기 때문이다. 오늘날 바우하우스 아카이브 베를린의 컬렉션 중 하나가 있고 하인트호벤의 반 애비 뮤지엄에 하나가 있다. 모홀리의 딸, 하툴라 모홀리 나기의 도착과 함께, 새로운 버전의 작품이 2006년 런던 테이트 모던의 '알베르스와 모홀리 나기: 바우하우스로부터 새로운 세계로' 전시에 의뢰되었다. 조명기구는 모홀리의 1930년대 사진, 빛은 검정–백색–회색을 연출한다. 필름, 원작의 연구를 토대로 재창조되었다. 몇몇의 조정이 이루어져 작동방식을 증가시켰다. 부쉬 라이징거가 이 복제품을 구입하면서, 몇몇 조항이 부가되었는데, 작품은 중요한 전시에는 언제이든 대여 되어야 한다. 무엇보다도 하나의 예술 작품으로 여겨져서는 안 된다는 것이었다.[6]

앞 페이지.
일렉트릭 스테이지를 위한 조명기구
라즐로 모홀리 나기, 1930

HANNES **MEYER**

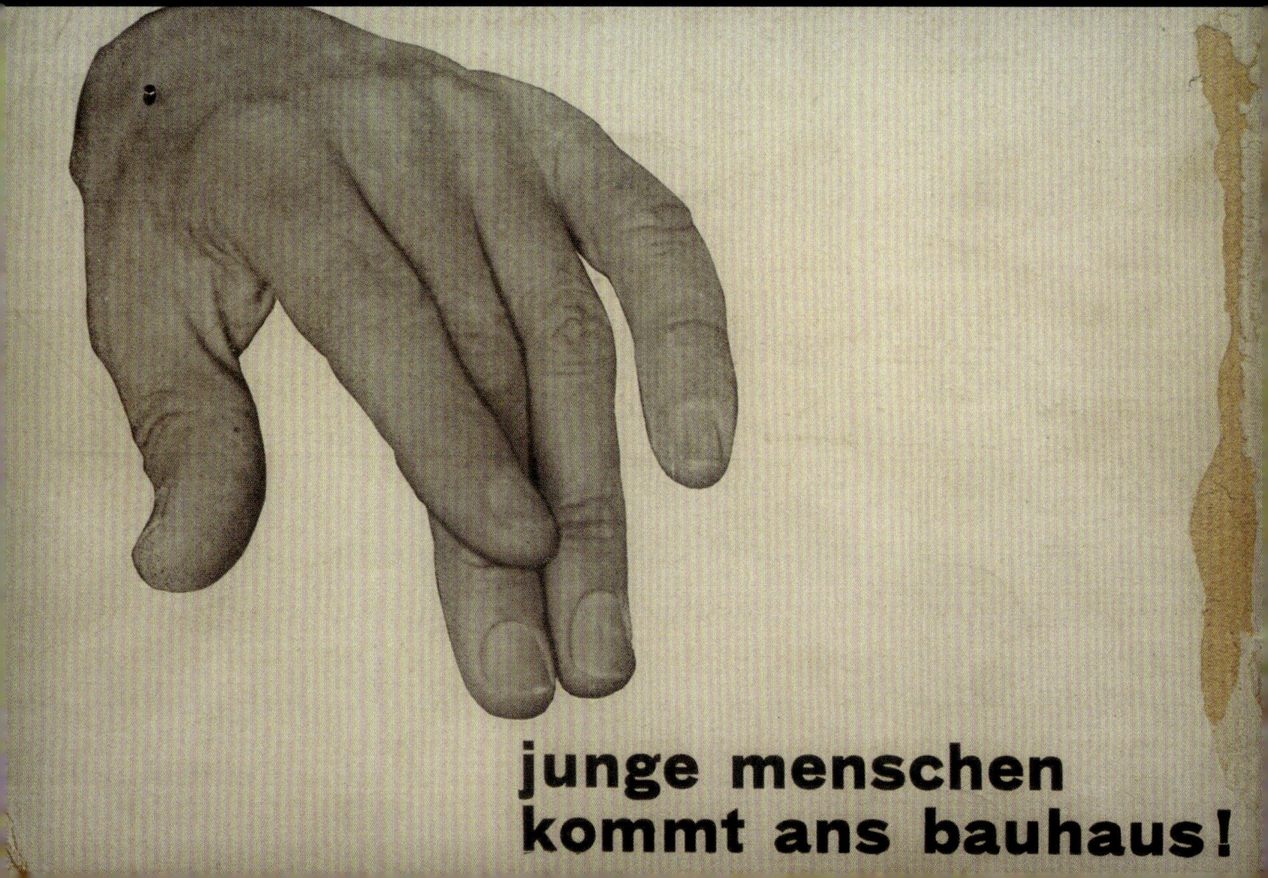

62

하네스 마이어

학장, 1928–30

1 **발터 그로피우스**에 따르면,
하네스 마이어는 바우하우스의
신념을 약화시킬 수 있는 신뢰할
수 없는 성격을 가지고 있었다.[1]
이러한 비판적인 평가는 후에
바우하우스 교장으로서 짧은
기간 동안의 성취를 가려버렸다.
스위스에서 태어나, 마이어는 한스
비트버와 함께 제출한 국제연합과
52 **페테스슐레**의 공모전에 참여하면서
국제적인 관심을 받았다.
결과적으로, 1927년 그로피우스는
그를 초대하여 새로운 바우하우스의
55 **건축** 분야 수장직을 맡겼다.
그리고 자신이 1928년 사임하면서
마이어를 교장으로 제안했다.

6 마이어는 **워크숍**을 넷으로
통합했다. 건축, 상업예술(광고,
인쇄, 사진), 텍스타일 그리고
인테리어 디자인(벽화, 금속,
캐비닛 제작)으로 구분했다.
56 새로운 수업들에는 **'인간'** 과정이
포함되었다. 루드비히 힐버자이머와
68 **발터 페터한스**는 도시 계획과
사진학의 강의를 최초로 개별적으로
69 제안했다. 그리고 **칼라 그로쉬**는
체조를 가르쳤다.
생산품 혹은 주택을 통해, 마이어
66 아래에서, 바우하우스는 **인간의
요구**에 집중하고 있었다. 산업적인
공동작업은 바우하우스의 가장 잘
72 팔리는 **벽지**를 포함해서 작품의
70 대량생산을 의미했다. 반면 **발코니를
통해서 출입**하는 데사우 퇴르텐의 주택개발단지들은 건축에 있어서 마이어의 확신, '기능 곱하기 경제성'의 공식을 실현했다.[2]

마이어는 삶과 사회의 문제를 언급하는데 실패했다면서 그로피우스의 리더십을 비판했다. 그리고 다른 지도자적 차이를 가지고 있었다. 그로피우스 아래에서, 우파진영에 의하여 항상 비판받기도 했으나, 바우하우스는 의도적으로 정치에 무관심했다. 마이어는 학교 내에서 공산주의자 집단을 억누르지 않는 것에 대하여 비판했다. 그로피우스의 압력과 함께, 광부들을 위한 기금에 마이어의 개인적인 기부는 그를 퇴출하는데 힘을 발휘했다. 학교 내부의 결정에 이의를 제기했으나, 마이어는 결과적으로 소비에트 러시아로 가게 되었고 바우하우스의 조직도 함께 그와 떠났다.

교장으로서, 마이어는 여전히 논란이 남아있다. 그의 전임자 혹은 후임자 모두의 명성에 미치지 못했다는 점에서. 그것은 어느 정도, 학교와 유산을 논쟁으로부터 지켜내기로 결정한 그로피우스에 의한 것이기도 했다. 마이어는 비장하게 공개 사임 편지를 썼다. '바우하우스의 콘도르, 그로피우스는 급강하해서 ... 나의 교장직을 쪼아 먹었다.'[3]

앞 페이지. 젊은이들이 바우하우스로 온다
하네스 마이어, 1928

광고

FIVE **CHOIRS**

63

다섯 합창

군타 스퇼츨

1928

모더니스트는 산업적으로 텍스타일을 생산했다. 모노크롬 컬러 혹은 그리드와 같은 패턴들을 제시했다.
34 **군타 스퇼츨**은 다섯 합창과 같은 디자인이 다채롭고, 즐겁고 무엇보다도 창조적이 될 수 있다는 것을 보여준다. 자카드 직물을 사용하여 정확하게 기하학적인 패턴을 가능하게 했다. 그러한 패턴은 직접 베틀로는 만들기 어려운 것이었다. 그 패턴은 텍스타일에 있어
25 **예술과 기술**의 결합이라는 요구에 답이 될 수 있었다. 그리고 복수적인 방식으로 생산될 수 있음을 의미했다.

다섯 합창은 인상적인 스케일을 가진다. 2.1m 길이에 1.3m 폭 보다 좀 크다. 패일 핑크와 블루에서 볼드 레드와 블랙의 색상 범위를 갖는 기하학적인 블록의 패턴들로 채워졌다. 외견상으로 삼등분되어 세 번째로 분류되는 디자인은 사실상 중심 아래로 대칭되어 있다. 날실을 높이거나 낮추는데 사용되는 펀치카드와 함께, 기계적으로 만들어졌더라도, 그러한 디자인은 조심스러운 사전 계획을 요구했다. 게오르그 무헤가 섬유 워크숍의 수장으로 있었던 1925–7사이에 자카드를 짜는 직조기를 구입했다. 기계들은 처음에는 돈을 낭비한 것으로 여겨졌다. 수작업으로 작업하는 것은 완전히 직조를 이해하기 위하여 여전히 인기 있는
방식이었다. **아니 알베르스**와 함께 48
군타 스퇼츨은 실험을 시작했고 더 크게 모든 곳에서 대중들에게 영향을 미칠 수 있는 기계적인 재생산의 잠재성에 고무되기 시작했다.[1]

다섯 합창은 그 작업의 과정을 참조하는 것처럼 묘사되어 진다. 그 디자인은 다섯 부분 혹은 합창, 날줄을 높여 놓은 메커니즘을 언급하는 듯이 이름이 있는 펀치 카드의 외관을 떠올리게 한다. 어떠한 직공에게도, 작품은 다른 연상이 떠오르지 않는다. 바로 음악을 표현하는 것으로 보인다. 그 음악은
바실리 칸딘스키의 혹은 **게르트루트** 27
그루노우의 색채, 음악, 지각의 30
연결과 어울리는 것으로 보인다.

거대한 작품을 예상했던 군타 스퇼츨은 벽에 걸린 다섯 합창을 위해 작업했다. 결과적으로 적은 수의 작품만이 만들어졌다. 그 중 하나는 현재 뤼베크에 소장되어 있고, 두 번째 작품은 분실되었다. 그녀의 창의성에도 불구하고 스퇼츨의 디자인은 그녀가 기원한 바대로 일반적인 대중들에게는 결코 도달하지 못했다.

콜리어 캠벨

비록 직접 모든 것을 완성한 것은 아니지만, 군타 스퇼츨은 Liberty & Co.의 1970년대 베스트셀링 디자인 중 하나를 책임졌다. 1968년 런던 로얄 아카데미에서 바우하우스 전시를 따라서, 리버티는 브리티시 디자인 듀오, 콜리어 캠벨에게 실내 패브릭을 디자인하도록 의뢰했다. 그들은 스퇼츨의 벽체 패브릭, '레드 그린' 으로부터 영감을 얻었다. 항상 그러했듯이, 그들은 자신의 디자인을 채색하는데 이 경우, 레드, 옐로우, 핑크의 강렬한 팔레트 블루와 그린을 섞어 사용했고 스퇼츨의 대담하고 추상적인 벽걸이의 연상시키는 패턴의 리듬을 만들었다. 그 작품은 리버티와 일반적으로 관련된 꽃의 디자인으로부터 급진적인 출발이었다. 그것은 거대한 성공으로 결론 났다.

앞 페이지. *다섯 합창*
군타 스퇼츨, 1928

코튼, 울, 레이온,
실크로 직조한 자카드

Folding Chair

64

폴딩 체어

알프레드 아른트

1928

위대한 바우하우스 의자로 여겨지는
42 디자인. **마르셀 브로이어**가 쉽게
마음에 떠올렸을 것 대단한 의자,
43 아마도 **바실리 체어**일 것이다.
그러나 훌륭하고 효과적인 디자인은
필연적으로 잘 알려지지는 않는다.
그러한 디자인은 알프레드 아른트의
폴딩 체어의 경우다. 종종 실수로
브로이어의 작품으로 보기도 한다.

아른트는 처음 학생으로서
바우하우스에 왔고 벽화 워크숍의
50 도제가 되었다. 그의 작업은 **마스터스
하우스**를 위한 장식의 세심한
계획으로 눈에 띄었다. 그는 그
자신의 건축 사무실을 세우기 위하여
바우하우스를 떠났다. 그리고 1929년
62 데사우로 돌아왔다. **하네스 마이어**는
그에게 새로운 워크숍, '재건축' 혹은
'인테리어 장식'을 맡아 달라고
요청했다. 이 워크숍은 금속, 캐비닛,
벽화 워크숍의 통합으로 만들어졌다.

워크숍은 대중적인 주택의 건축과
장식에 대한 마이어의 목적을
유지하면서 설립되었다.[1] 그들은
작업자를 위하여 가구를 만들었고
그들이 거주하기 위한 공간을
만들고자 했다. 폴딩체어는 더 값싼
재료, 특별히 합판을 사용했다. 많은
디자인들이 아른트의 폴딩체어와
마찬가지로 금속과 나무를 함께
사용했다. 어려운 시기에, 마이어는
작업자들에게 있어 중요한 것은 이동
가능한 것, 가벼운 가구, 접을 수
있는 가구를 만족시키는 것이라고
주장했다.[2] 테이블과 의자는 접어
올리거나 아래로 접을 수 있고 변형될
수 있었다. 또한 의자들은 더 작은
공간과 **발코니 출입구를 가진 주거**와 70
같은 아파트에 적합하게 만들어 졌다.
아른트의 디자인의 경우, 의자는
접혀서 완전히 평평해지고 벽에 세워
보관할 수 있었다.

폴딩 체어는 어쩌면 10여 년 전 더 일찍 생산된 디자인들과 같이 호의적으로 환영받지 못하였을지 모르지만, 이 의자는 가장 실질적인 측면에서 바우하우스를 보여주었고 우리가 살아가는 방식에 미묘하게 영향을 끼치고 있다.

앞 페이지. 폴딩 체어
알프레드 아른트, 1928

JOOST SCHMIDT

65

유스트 슈미트

학생, 1919-25
젊은 마스터, 1925-32

유스트 슈미트의 작업의 정점은
광고를 위한 체계적인 교육
프로그램이 되어야만 할 것이다.
그러나 사실, 어떠한 지속적인 영향을
끼치기에는 너무 짧게 유지되었다.

바우하우스의 학생, 슈미트는
10 **조머펠트 하우스**를 위한 나뭇조각에
특별히 유명했다. 그리고 극장
디자인에 대해 관심을 가지고
있었다. 젊은 마스터로서 돌아와서,
그는 우선 레터링을 가르쳤다.
58 비록 **헤르베르트 바이엘**처럼 잘
알려지지는 않았으나, 슈미트는
데사우를 위한 홍보 자료에서부터
72 **바우하우스 벽지**를 위한 광고에까지
인상적인 그래픽 결과물을
만들었다. 1928년 광고 워크숍을
바이엘이 이어받았을 때, 그는
워크숍을 광고 전문기관으로 만들
기회로 보았다.[1] 또 광고 워크숍을
이미 워크숍의 수장이 된 플라스틱
워크숍과 통합시켰다. 공식적으로
다음해 커리큘럼에 소개되었을
39 때는 **사진** 워크숍과도 통합되었다.
슈미트는 포괄적인 52개의 부분의
교육 프로그램을 발전시켰다.

1920년대 중반, 전문가들을 위해서
상업적인 프린터를 바우하우스에
들여왔다. **하네스 마이어**는 워크숍의 62
수익 가능성을 최대화하고자
했고 초점을 생산에 주목시켰다.
1929년 홍보 카드는 아주 길게,
의뢰 가능한 서비스의 리스트가
제공되었다. 그 안에는 디자인, 광고
자료의 레이아웃과 생산, 윈도우
디스플레이, 전시 디자인, 광고
사진도 포함되었다.

교장으로서, **루드비히 미스 반** 75
데어 로에는 그러한 실무적인
활동을 중지시키고 교육에
관심을 집중시켰다. 바우하우스가
베를린으로 이전하였을 때, 77
슈미트와 그의 교육 프로그램은
함께 갈 수 없었다. 그 역시
베를린으로 옮겨가서 전쟁 전후에
교육했다. 1948년 그가 죽음의 맞을
때에도, 그는 바우하우스 전시와
책을 작업하고 있었다. 그리고 그의
공헌을 널리 알리도록 만든 것이기도
했다. 그와 같이, 슈미트의 작업은
그가 받아야할만한 명성을 얻지
못했다. 또한 그가 예상한 바와
같이 광고 회사에 영향을 끼치지도
못했다.

앞 페이지. 1923 바우하우스 전시 포스터
유스트 슈미트, 1923

포스터

'The needs of the people instead of the need for luxury'

66

화려함의 요구가 아닌 사람들의 요구

1928–30

43 **바실리 체어**와 마리안느 브란트의
31 **티 인퓨저**는 새로운 시대의 정신을
획득했음에도, 그들의 동시대
구매자들은 특별하고 제한된
62 의뢰인이었다. **하네스 마이어**는
그의 야심에서 더 나아갔다. 그는
사람들의 요구들을 호응하면서, 더
광범위한 대중에게 도달할 수 있는
제품을 생산하고자 했다.

‘호화로운 수요 대신에 대중의
수요’[1]에 대한 주장은 미학적이기
보다는 사회적인 목표를 드러낸다.
디자인은 주관적이기 보다는
체계적으로 접근되었다. 대중의
관습, 사회적 표준화, 생리학적,
심리학적 기능, 생산의 과정 그리고
가장 세심한 경제적인 추정을
바탕으로 시작했다.[2] 실제는, 이러한
디자인은 1929년 전시된 ‘국민의
아파트’에서 예시되었던 것과
같은 종류의 것이었다. 알프레드
아른트에 의해 가구 워크숍에서
64 만들어진 **폴딩 체어**와 같은 것으로
가볍고, 이동가능하며 값싼 목재와
결합된 적합한 재료로 만들어졌다.
텍스타일 워크숍에서는, 카펫과
직물보다는 바닥의 마감재를
미터단위로 생산했다. **바우하우스
벽지**에서 칸뎀 조명에 이르기까지, 72
퀴르팅과 메디슨과 같은 기업과
공동작업으로 대량생산되었다.

그러나, 그 제품은 더 광범위한
사람들에게 접근 가능한 생산물은
아니었다. 학교는 그 자체로
학교였다. 워크숍에서의 학생들의
보조는 하루 8시간동안의 작업을
요구했다. 그 대신, 학생들은
임금을 지급받았고 학비를 지불할
필요가 없었다. 비슷하게, 워크숍과
학생들은 **바우하우스 GmbH** 40
로부터 총 매출에 대한 그들 자신의
몫과 라이선스를 가지고 받았다.
그러한 과정은 광범위한 사회적
배경의 사람들에게 접근할 가능성을
부여했다. 마이어는 더 나아가,
입회자격에서 예술적인 재능의
평가를 제거했다. 그에게 있어
사용자의 요구는 창조자보다도 더
중요했다. 마이어가 그의 첫 번째
강연에서 학생들과 직원들에게
이야기 한 바는, ‘바우하우스와
공장을 비교하자.’는 것이었다.[3]

앞 페이지.
흰 브레던치에크와 헤르만 가우텔,
1930

ADGB Trade Union School

67

ADGB 노동조합 학교

하네스 마이어와 한스 비트버

1928–30

노동조합을 위한 작업 의뢰는 개인의 개별적인 작업이 아니었다. 그리고 공예적 미학이기보다는 기계생산의 그리고 기능적인 결과물이었다.
바우하우스의 광범위한 프로젝트로서,
10 **조머펠트 하우스**와 ADGB 노동조합
학교사이에 존재하는 차이는 학교 내부에서 일어나고 있던 변화를 시각적으로 보여준다.

62 한스 비스버와 **하네스 마이어**의
현대적 건축문화의 사례[1]는 1928 년 5월 ADGB 프로젝트를 수임한 것이다. 마이어가 바우하우스의 교장이 되기 한 달 전 일이었다. 그 학교는 노동조합 대표들이 머무는 동안 그들을 교육했다. 마이어에
52 의하면, **페테스슐레**에서 의도한 바와
같이, 기능은 디자인을 유도하고, 결과적으로 각 부분들은 기이하지만 느슨한 배치를 완성했다.[2] 모든 사람들은 강당, 다이닝 홀, 사무실을 포함한 사각형의 블록을 통과했다. 조합의 대표들은 당시 10명으로 이루어진 12개의 단위 조직들로 나뉘어 졌고 그들은 그 조직 단위로 학습하고 잠자고 여가시간을 보냈다. 그들을 연결하는 것은 긴 복도였다. 그림과 같은 마당 너머의 전망을 갖는 복도는 친숙한 만남[3] 을 만들어 내는 기회를 제공했다. 그러한 신기한 배경은 생활과 문화의 기준을 높이고자 제안한 것이다.[4]

많은 면에서, 유리, 블록, 콘크리트와 같이 사용한 재료들에서나 출입구 옆의 세 개의 굴뚝이나, 건축물은 산업적으로 보인다. 그러나 건물은 완전히 기능적으로 결정되지는 않았다. 그 굴뚝들은 동시에 상징적이다. 굴뚝은 노동자 운동의 세 개의 기둥, 협동조합, 연합 그리고 정당으로 알려졌다.[5] 건축물에 대한 마이어의 '기능 곱하기 경제성'[6] 이론은 미학적 고려를 위한 조금의 여지도 없었다. 여기에서 건축물은 그 그림과 같은 랜드스케이프 주변으로 향이 정해졌다.

그것은 바우하우스의 개혁을 현실화하는 기회였다. 학생들은 신임자와 상급자를 섞어 수직적인 작업 단위로 구조화되었다.[7] 그리고 건축물의 비품은 베라 마이어
발데크의 책상에서 **아니 알베르스**의 48
혁신적인 조명 반사 벽걸이와 소리를 흡수하는 벽걸이까지 광범위했다.
ADGB 노동조합 학교는 바우하우스의
창의성이 **그로피우스**에서 그치지 1
않았음을 보여준다. 대안적 모델이 발전하고 있었다.

앞 페이지. ADGB 노동조합 학교 하네스 마이어와 한스 비트버의 디자인, 1928-30.

WALTER PETERHANS

68

발터 피터한스

마스터, 1929-33

위. *건강한 노인*의 디테일

일그러진 자기 초상, 혹은 사진 컷은
36 **데사우 건물**의 앵글을 활용했다.
바우하우스가 가장 밀접하게
연관되어 있는 사진은 실험적인
39 사진학의 **새로운 비전**이었다. 그러나
사진학이 최종적으로 바우하우스
교과과정의 부분이 되었을 때,
마스터였던 발터 페터한스는
기존의 입장과 정확히 반대적인
것들을 가르치고 실습했다. 기존의
사진학은 배치된 정물을 정확하게
제시하고 기술적인 숙달을 중시했다.

62 페터한스는 1929년 **하네스 마이어**에
의하여 바우하우스로 초대받던
시기, 베를린의 유명한 사진사였다.
페터한스는 사진학의 기술적인
측면에 순위를 매기고 어떠한
주관적인 기술 이상을 교육하며 광고
워크숍을 동시에 운영했다. 학생들은
사진을 찍기 전에 6개월간 기초를
배웠다. 그리고 사진기를 손에 드는
순간, 페터한스는 셔터를 누르기 전에
조심스러운 관찰과 계획을 하도록
부추겼다.

자신의 작업을 망치를 들고 하는
37 사진학[1]이라고 묘사한 **라즐로 모홀리
나기**와는 대조적으로, 페터한스는
완벽주의로서 유명했다. 그는 정물을
맞추기 위해 핀셋을 사용하곤 했고
흑백 사진에서 사용가능한 모든
스케일의 회색을 활용했다.
'사진학적 기술은 망점을 정확히
열거하는 과정이다.[2]'라고 주장했다.
바우하우스 패브릭의 정교한 질감을
갖는 디테일과 같이, 결과적인
이미지들은 이러한 2차원적인 매체를
통해 3차원적 오브제를 표현하는
것에 대하여 주목하고 있었다.

바우하우스안에서 페터한스의
작업은 그의 평판을 훨씬 더
높였다. **학교가 폐쇄**된 이후, 그는 82
곧바로 다른 곳에서 자리를 잡을
수 있었다. 그는 몇몇 사진학
매뉴얼을 썼다. 1938년 미국으로
건너 간 후에 그의 이전 교장이었던
시카고의 **미스 반 데어 로에**와 75
합류했다. 그곳은 이후 **일리노이** 89
공과대학이 되었고 그는 더
이상 사진을 찍지 않았다. 대신
페터한스는 시각적 교육 과정을
만들었다. 이 과정은 건축 교육에서
획기적인 것으로 여겨졌다. 1953
년에는 **울름**에서 초빙 교수로서 90
비슷한 과정을 만들었다.

앞 페이지. *건강한 노인*
발터 페터한스, 1928
실버프린트

Karla Grosch and exercise at the Bauhaus

69

칼라 그로쉬와 바우하우스의 운동

교사, 1928-32

빛과 공기 그리고 훌륭한 식사에 대한 필요를 설명하는 것에 덧붙여, 에르나 마이어의 독일 주부들을 위한 1926년 베스트셀링 매뉴얼, '새로운 가정'은 가사 노동 체조의 체계를 옹호했다. 강하고 건강한
신체에 대한 현대적 열망은 **데사우의**
36 **바우하우스 건물**로 통합되었다.
거대한 창문과 발코니, 지하의 체육실에서 경기장 그리고 평지붕은 일광욕을 하거나, 운동을 하거나 공연을 하고자 하는 학생들에게 빠르게 익숙해졌다.

처음 몇 해 동안, 신체의 움직임은
30 **게르트루트 그루노우**의 교육에
4 포함되었고 심지어 **요하네스 이텐**의
5 ***보르쿠스*** 예비과정에도 포함되었다.
62 그러나 **하네스 마이어**가 교장이 될
때까지 그 자체로 교과목이 될 수는 없었다. 그는 일방적인 두뇌노동[1]을 강조한 결과로 인한 바우하우스의 유명한 집단적 신경증에 대응할 필요가 있다고 보았다. 그는 오토 뷔트너를 임용하여 남성들의 경주와 운동을 가르치게 했고 칼라 그로쉬에게는 여성들의 체조를 가르치게 했다. 그러한 직위는
75 **루드비히 미스 반 데어 로에** 시기에
6 지속되었다. 그들은 **워크숍** 시스템
밖의 바우하우스 직원이었다. 그밖에도 공식적인 정원사, 텔마 뮤레트는 학생들에게 식물을 경작하는 것을 가르쳤다.

여성에 의한 체육 활동의 참여는 1차 세계대전과 함께 시작된 상대적으로 새로운 현상이었다. 1920년대 동안 그 인기는 놀라울 정도로 증가했다. 운동은 그 자체로 바우하우스를 표현하는데 매우
중요했다. **발터 그로피우스의** 1
바우하우스 책, '*데사우 바우하우스* 45
건물'에는 여성들이 짧은 치마를
입은 사진과 속옷을 벗어던진 무도회를 포함하여, 1927년경의 럭스 파이닝거의 유명한 사진인 '바우하우스 위로 점프'가 수록되었다.

그로쉬는 또한 **오스카 슐레머**의 17
생산 작업에 그녀가 기여하는 역할 때문에 존경받았다. 그녀의 운동 수업은 기술적인 완성과 함께 진행되었다. 슬프게도, 그녀는 1933년 텔아비브의 바다에서 수영하던 중 사망했다. 반면에 건강한 신체의 추종은 독일에서 지속되었고 나치 정권에 의하여 무시무시한 결과로 남았다.

칼라의 바우하우스와의 관계

많은 다른 학생들과 마스터들과 같이, 그로쉬는 바우하우스에서 발생한 많은 낭만적인 사건들에서 큰 역할을 했다. 그녀는 클레와 매우 가까웠고, 2년간 그들의
마스터스 하우스에서 살았다. 50
또한 바우하우스의 학생들과 일시적인 관계를 가졌고 파울 클레의 아들 펠리스와도 친밀하게 지냈다. 그녀는 배우 막스 베르너 렌츠와도 염문이 있었다. 렌츠는 데사우의 극장에서 활동했다. 그리고 임신을 했고 그녀의 파트너와 텔아비브로 옮겨갔다. 당시 파트너는 건축가이자 바우하우스 학생이었던 프란츠 바비 아이힝거였다. 칼라의 비극적인 죽음 이후에, 그로쉬와 지속적으로 연락을 위했던 파울 클레의 아내, 릴리 클레는 그녀를 '우리에게 너무나 소중했고 그녀는 그 만큼 밝고 행복한 존재, 진정한 햇살이었다.'고 묘사했다.[2]

앞 페이지. *바우하우스 위로 점프*
T. 럭스 파이닝거, 1927년경
사진

HOUSES WITH BALCONY ACCESS

70

발코니로 진입하는 주거

1929–30

53 **데사우 퇴르텐**은 다시 한 번 **하네스**
62 **마이어** 아래 실험의 무대가 되었다. 바우하우스로부터 공영 주택을 의뢰받았다. 이번에는 다섯 개의 아파트 동으로, 각 동마다 3층으로 계획되어 90세대가 들어가는 것으로서 바우하우스의 건축 부분에서 통합적으로 디자인되었다.

각 동은 하나의 커다란 계단으로 진입되고, 개별적인 발코니로서, 거주자들에게 사용되는 열린 회랑을 지나 아파트로 접근했다. 디자인은 57㎡의 면적이 거실, 마스터 침실, 아동 침실을 위해 충분하다는 계산에 근거해서 이루어졌다. 아파트는 또한 동서 방향의 축에서 태양광을 최대한 받을 수 있도록 지어졌다. 그러나 모든 것이 계획대로 진행되지는 않았다. 본래, 발코니는 남쪽 파사드를 위하여 계획되었으나, 추가적인 비용의 문제로 실현될 수 없었다.

하우스 암 호른과 같은 이전의 22
바우하우스 디자인과 같이, 공간 절약의 원칙들이 맞춤부엌에 적용되었다. 자전거는 대지 층의 낮은 나무 출입문 뒤에 전용 보관 영역에 수납되었다. 아파트는 건축 첫해, 주변에 있었던 주거들보다는 훨씬 뛰어난 편의시설을 가지고 있었다. 맞춤 욕실, 화장실, 빌트인 욕조, 가스 난망, 온수 공급 등이 가능했다. 결점이 없는 계획은 주변 주거들과 마찰을 겪었고 공사 초기부터, 주택 단지계획은 긍정적으로 여겨졌다. 그럼에도, 대부분의 거주자들이 바우하우스의 설비를 받아들이기 보다는 새로운 주거 환경으로 변경했다.

앞 페이지. 발코니로부터 출입하는 아파트 하네스 마이어 디자인, 1929-30

MASK PORTRAITS

71

인물 사진

거르트루트 아른트

1930

여성의 신체를 여성성을 보여주는 일련의 초상 사진으로 전환시켜 유명해진 20세기 여성 아티스트. 신디 셔먼이 아니라 잘 알려지지 않는 전임자, 게르트루트 아른트다. 매춘 여성, 순결한 여인, 미망인. 이것은 단지 조금밖에 되지 않는 겉모습일 뿐이다. 그 안에서 아른트는 43개의 인물 초상을 위하여 렌즈 앞에서 그녀 자신을 표현했다.

당시 '게르트루트 한트쉬크' 라는 이름을 썼던 아른트는 그녀의 고향에서 건축 회사에 수습을 마치고, 1923년 겨울 바우하우스에 입학했다. 그리고 학교에는 어떠한 건축 분야도 없었다는 것을 발견했다. 도제 시기동안, 그녀는 사진술을 통해 건물을 기록했다. 그녀는 사진 매체를 이용하여 지속적으로 기록하고 실험했다. 섬유 워크숍에 등록했으나, 그녀의 실험 이후, 그녀의 성공에도 불구하고 아른트는 더 이상 직조 기계
1 가까이는 가지 않았다. 그녀는 **발터 그로피우스**의 바이마르 오피스를 위한 카펫을 만들만큼 성공했다.

1927년, 그녀는 바우하우스의 동료 학생 알프레트 아른트와 결혼했다. 결혼 전 두 사람에 의한 서약은 남성과 여성의 완전한 평등[1]을 강조했다. 그러나 둘은 전통적인 역할에 빠졌고 그의 작업에 따라 이사했다. 1928년 당시 마스터였던 알프레드와 그들은 다시 바우하우스로 돌아갔다.

아른트는 **마스터스 하우스** 욕실에 50
그녀의 암실을 만들었다. 1930년, 욕실에서 마스크 시리즈가 만들어졌다고[2] 했다. 그녀가 그녀의 유일한 행복[3]이라고 부른 것은 여성들이 자신들을 세계에 소개할 수 있는, 혹은 자신들이 세계에서 인식될 수 있는 전혀 다른 새로운 방식을 탐구하는 것이었다. 그 방식은 다른 개성을 연출하기 위하여 소도구, 앵글, 표정을 사용했다. 그녀는 말한다. '아마도 당신은 항상 마스크를 쓰고 있을 것이다.' '어디에서도 당신은 항상 당신이 원하는 표정을 하고 있을 것이다. 당신은 그것을 마스크라 부를 수 있다. 그렇지 않은가?'[4] 비록 그녀 자신 혼자서 상상하고 만들어졌으나, 아른트는 마스크를 충분히 가치 있게 평가했다. 그녀는 최종적으로 1970년대 페미니스트 개념과 연관되기 시작하는 예술계에 마스크의 개념들을 공개적으로 묘사하는 것을 가능케 했다.

여성 사진가와 그녀의 마스크

정체성을 다루는 작업에서, 신디 셔먼은 아마도 그녀의 '제목 없는 장면들' (1977–80)이 가장 유명할 것이다. 그녀는 세기중반의 영화장면에서 개성을 만들어내는 정교한 계획을 통해서 그녀 자신만의 스타일과 사진을 얻었다. 비난받거나 혹은 매춘이거나, 셔먼은 여성의 전통적인 재현에 도전했다. 카메라적 응시를 조절하거나, 전통적 재현 자체를 집중했다. 조명의 음영을 발전시키고 소형 카메라를 통해 여성을 더 여성적인 시선으로 옮기는 작업에 있어서, 게르트루트 아른트가 그녀의 유일한 선도자는 아니었다. 1917–39에, 클로드 카훈은 일련의 셀프 초상화를 만들었다. 그 작업에서 그녀는 종종 고정된 여성적 역할을 뒤흔드는 바디빌더, 비행사, 꼭두각시를 포함한 페르소나를 채택했다. 그녀는 다음과 같이 말했다. '이러한 마스크 아래에 다른 마스크가 있다. 나는 이러한 모든 얼굴들을 제거하는 것을 결코 끝낼 수 없을 것이다.'[5]

앞 페이지. *마스크 초상*
게르트루트 아른트, 1930
사진

bauhaus wallpapers

72

바우하우스 벽지

1929

바우하우스의 가장 성공적인 상품은 놀라울 뿐이다. 그리고 더 놀랍게도 늦게 나왔다. 벽지는 바우하우스의 이상과 함께 하기에는 쉽지 않았다. 패션에 심하게 영향을 받을 뿐 아니라, 벽의 특성을 세심하게 가려야 하며 잠재적으로는 불필요한 62 장식이 될 수 있었다. 그러나 **한네스 마이어**는 하노버에 있는 벽지 회사 라쉬 브라더스 앤 코로부터 시작된 바우하우스의 제안을 받아들이기로 결정했다. 이러한 약점에도 불구하고 벽지는 표준화된 생산에 대한 그의 열망에 잘 맞았고 모두에게 유용했기 때문이었다. 덧붙여, 벽지는 그 자체로 건축 재료라고 언급했다. 다른 장점은 라쉬 회사가 재정적인 위험을 받아들일 준비가 되어있었다. 반면에 바우하우스는 광고와 브랜딩을 관리했다.

본질적인 질문은 바우하우스 벽지가 어떻게 보여져야만 하는가였다. 학교 내의 폭넓은 공모에 제출한 작품들은 여러 면에서 적합하지 않았다. 어떤 것들은 물고기, 새, 심지어 꽃과 같은 전통적인 형태적 모티브를 가지고 있었다. 포크를 사용하여 거칠게 긁어내는 등의 방법을 적용하는 질감을 갖는 패턴 대신에, 생산에 들어간 12개의 디자인은 자유로운 장식이었다. 또 무광의 종이에 색채는 세심한 파스텔 색조로부터 브라운까지 다양했다.

비록 비슷한 종류의 벽지가 이미 생산되고 있었으나, 바우하우스 벽지는 그들의 명성과 적극적인 광고 지원덕분에 수익을 늘렸다. 소비자들 입장에서, 미묘한 패턴은 벽지 낭비 없이 쉽게 부착할 수 있었고 적절한 비용으로 도색과 함께 완성할 수 있었다. 무역관련 출판물, 1932년 더치 타페텐 자이퉁에 따르면, '바우하우스 벽지는 모던 아키텍처와 맞서, 진정으로 벽체 도색과 전투를 벌이는 마술을 부렸다.'[1]

1930년에 벽지 제작이 시작되어, 450만 롤이 만들어졌고 1933년까지 매년 새로운 컬렉션이 제작되었다. 라이선스 비용은 바우하우스 재정에 중요한 것이 되었다. 바우하우스 벽지 프로그램이 해지의 위협을 받았을 때, 라쉬는 6,000 라이히스마르크에 라이선스를 사서 지속해서 벽지를 생산했다. 그리고 나치 시기동안 바우하우스 이름을 유지한 유일한 생산물이 되었다.

앞 페이지. 바우하우스 벽지
바우하우스/라쉬 생산, 1929

대량생산된 디자인

Design for a Socialist City

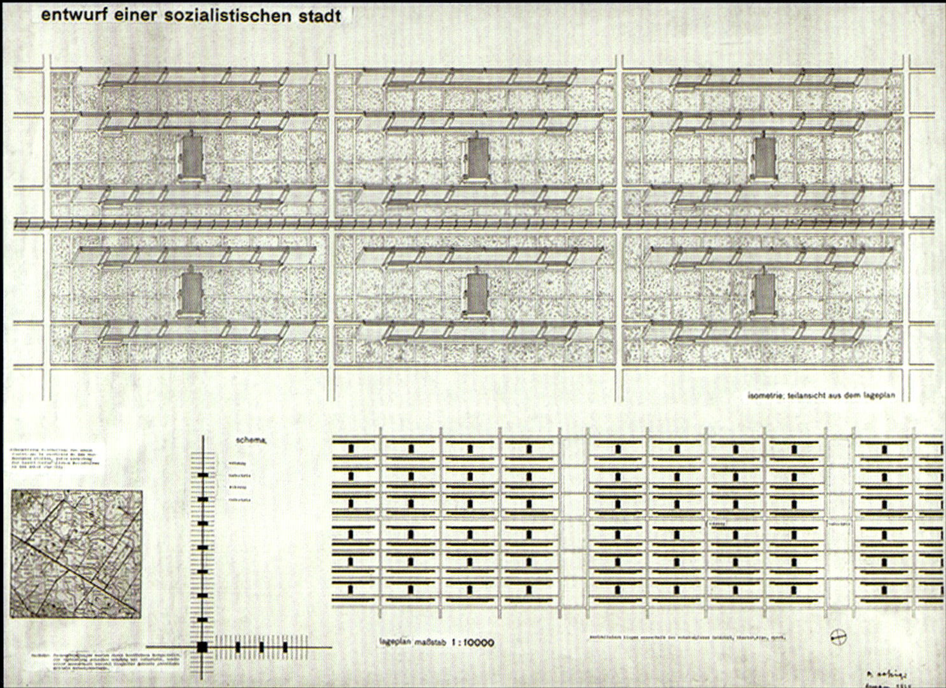

73

사회주의자 도시를 위한 디자인

라인홀트 로시히

1931

사회적인 문제를 다루는 대규모 주거지, 라인홀트 로시히의 논문 작업 '사회주의자 도시를 위한 디자인'은 바우하우스의 관심이 얼마나 넓게 움직이고 있는지와 학교에 유지되는 과정 이상으로 확장되는가를 보여준다.

바우하우스의 건축 이론의
지도자로서 루드비히 힐버자이머는
주택단지 건설과 주택 거주지, 도시
62 계획을 가르쳤다.[1] **하네스 마이어**와
같이, 그는 학교에 처음 임용되었다.
그는 사회적인 도구로서 건축의
역할에 관심을 가졌다. 그는 개인의
이익에 동기를 갖는 것이 아니라
모든 국민의 요구를 반영하는
생산물을 가능하게 하는 철저하게
계획된 경제학을 요구했다.

선형 도시의 개념은 19세기 영국과 스페인에도 영향을 미쳤다. 그러한 거주지는 대체로 강변을 따라 평행하는 서로 다른 기능적인 영역으로 구조화되었다. 이 계획은 니꼴라이 밀류틴과 같은 소비에트의 계획가들에게 영감을 주었다. 밀류틴은 1930년의 책 '*소즈고로드*(새로운 사회주의자 도시의 이해)'[2]에서 그의 아이디어를 발전시켰다. 이 책은 다시 바우하우스 학생들에게 영향을 끼쳤다. 로시히는 자신을 스스로 공산주의자라고 했다.

로시히의 디자인은 여기에서 보는바와 같이, 브레슬라우에서 베를린까지 이어졌다. 도시들은 집단화된 농경 시설을 연계시켰다.[3] 강을 따라 이어지기 보다는, 주택지는 산업지구와 교대로 철로와 평행하게 배치되었다. 주택지, 일터와 여가 공간은 지하철로 연결되었다. 그러한 도시들의 힐버자이머의 계획은 전형적으로 서로 다른 주거지 유형들을 포함시켰다. 로시히의 계획은 당시 소비에트 연방에서 일어나고 있는 집단 거주의 실험을 연상시켰다. 노동자들은 그들의 시간을 주거단지에서 보냈다. 공동 주방과 공동 작업 공간[4] 같은 편의시설은 중심에 배치되었다.

그러한 계획의 존재는 실험을 위한
공간들을 예시한다. 실험들은
여전히 바우하우스 커리큘럼
내에 존재했다. 심지어 정치적인
압력이 있던 시기에도 그러했다.
힐버자이머와 **루드비히 미스 반 데어** 75
로에의 계획과는 다른 건축적 이상을
탐구하고 있음에도, 로시히의 계획은
1968년까지 건축에 있어서 유효한
것으로 남겨졌다.

앞 페이지. 사회주의자 도시를 위한 디자인 스케일 1:10000, 루드비히 힐버자이머의 수업에서, 라인홀트 로시히, 1931

건축 계획

Drinking Hall, Dessau

74

데사우 드링킹 홀

루드비히 미스 반 데어 로에

1932

데사우의 바우하우스에서 짧은
75 시간동안, **루드비히 미스 반 데어**
로에는 광범위한 변화에 영향을
1 끼쳤다. **그로피우스**의 **마스터스**
50 **하우스**의 재건축에서 그 자신의
취향에 맞춘 실라버스의 변경에까지.
하지만, 그의 건축적인 공간은 쉽게
간과되곤 한다.

62 그로피우스와 **하네스 마이어**,
두 사람은 공공 건축 의뢰로부터 이익을 얻었음에도 불구하고, 경기불황과 데사우 바우하우스의 약해진 명성은 가능한 재정을 축소시켰다. 루드비히 미스 반 데어 로에에 의하여 유일하게 실현된 건축은 드링킹 홀이다. 더 실제적으로는 음료 키오스크로 묘사된다. 위치는 도시계획 당국에 의하여 제안되었고 바우하우스에서부터 그림과 같이 멋진 엘베 강의 피크닉하기 좋은 제방까지 이어지는 길 가운데 있었다. 사실, 미스의 개념에, 학생 에드워드 루드비히에 의하여 그려진, 드링킹 홀은 마스터스 하우스의 경계에 서 있는 2m 높이의 정원 벽에 구멍을 내서 매우 간단히 만들어졌다. 벽체로부터 튀어나온 키오스크의 지붕.

비록 기오스크는 2차 세계대전에서 살아남았지만, 1960년대에 파괴되었다. 비에프엠 아키텍처는 마스터스 하우스의 작업과 함께 드링킹 홀을 재해석했다. 결과적으로 드링킹 홀은 2016년 사업을 위해 재 오픈했다. 원래 건물과 마찬가지로, 데사우 건축물에 수수하게 덧붙여진 이곳에서는 여름 기간 동안 환영의 다과를 제공하기 위하여 쥬스와 사탕을 팔았다.

앞 페이지. 미스 반 데어 로에의 드링킹 홀의 개축
비에프엠 아키텍츠, 2016

The Bauhaus in Berlin

and the Bauhaus legacy, 1932–3 and beyond

지성적 결정에 의한 공간적 완성[1]

– Ludwig Mies van der Rohe

베를린에서의 77 바우하우스 시기는 짧고 충격적인 시기였다. **루드비히 미스 반 데어 로에** 75 에 의하여 재정적으로 어려운 배경에서도 독립적인 기관으로, 축소된 인원의 직원과 학생으로 다시 오픈하였을 때, 당시의 위협적인 정치적 상황 아래, 교육은 점점 더 어려워졌다. 그리고 1933년 7월, 마스터들은 **바우하우스의 폐교** 82 를 두고 투표를 했다. 베를린에서의 기간이 매우 짧았다고는 하더라도, 바우하우스의 유산은 아주 오래 남았다. 바우하우스의 신화화는 이미 학생, 마스터 그리고 아이디어가 흩어지면서 시작되었다. 그들의 이야기는 분리된 대륙을 가로질러 널리 퍼져나갔다.

다음에 생겨난 무엇 중 가장 친숙한 버전은 **발터 그로피우스** 1 에 의하여 엄청난 열정으로 촉진되었고 셀 수 없이 많은 책과 전시에서 반복되었다. 그리고 미국에서 바우하우스 구성원들의 성쇠는 다시 시작되었다. **그로피우스는 하버드에서,** 87 **미스는 일리노이 공과 대학에서,** 89 또한 **요제프** 47 와 **아니 알베르스는** 48 **블랙 마운틴 칼리지에서,** 88 **라즐로 모홀리 나기는** 37 **시카고의 새로운 바우하우스를** 84 이끌었다. 그들의 교육과 출판된 작업은 미국적인 현실에서, 정치학을 제거한 것으로서, 새로운 세대에게 바우하우스 교육의 많은 측면들을 전달하도록 도왔다. 바우하우스의 언어는 **프랭크 하우스** 94 와 같은 호화로운 주거들 그리고 **시그램 빌딩** 96 과 같은 기업 빌딩에 적용되었다. 그 건축가들은 **백인 신들**이 100 되었다. 독일에서, **울름 디자인 스쿨** 90 은 전후에 오픈했다. 아마도 바우하우스의 진정한 계승자라고 할 것이다. 그 첫 번째 교장, 막스 빌은 잘 디자인된 일상적 오브제를 지속적으로 강조했다. 학교는 존재하는 동안 그러한 평판을 유지하였다.

그러나 서유럽과 북미로서는, 전후의 독일 분단 때문에 바우하우스의 보물들, 데사우와 바이마르의 것들을 모두 철의 장막 뒤로 잃어버렸다. 철의 장막은 신화를 만들어 내는데 기여했다. 10여년간, 이러한 상황은 **하네스 마이어** 62 의 바우하우스에서의 성취를 가리게 만들었다. 냉전 시대 동안, 마이어의 영감을 불어 넣은 사회적 디자인 프로그램과 바우하우스 이후 소비에트 러시아에서 작업하고자 하는 그의 선택은 자본주의 국가의 입장에서는 마음에 들지는 않았다. 그리고 마이어에 대한 그로피우스의 평가가 만연하도록 만들었다. 마이어는 바우하우스의 이상에 있어서 반역자로서 여겨졌다.

선택 가능한 역사는 어디에서나 일어나고 있었다. 그러나 러시아에서만은 아니었다. 바우하우스는 또한 일본, 이태리, **이스라엘** 92 의 예술에도 영향을 미쳤다. **헝가리** 85, 브리튼과 그 밖의 국가들에 영향을 끼쳤다. 이들 국가에서 탐색해야할 서로 다른 이야기의 풍부함을 제공했다. 바우하우스는 모홀리 나기의 ***조명기구*** 61 에서 **오스카 슐레머** 17 의 ***삼부작 발레*** 93 까지, 그리고 데사우의 바우하우스 **건물 자체** 36 까지 창조 했다. 오늘날, 바우하우스 건물은 복원되었고 부활되었다. 그리고 바우하우스가 21세기 예술, 디자인, 극장, 건축 시리즈에 끼친 영향은 지속되었다. 오늘날, 바우하우스로 이어지는 수많은 노선들이 여전히 존재한다.

LUDWIG **MIES VAN DER ROHE**

75

루드비히 미스 반 데어 로에

학장, 1930-3

그의 전임자들보다도 더 유명해진,
1 루드비히 미스 반 데어 로에는, **발터
그로피우스**가 그를 바우하우스의
교장으로 제안하였을 때, 이미
독일의 가장 중요한 건축가로서
위치를 얻었다.

데사우의 시장에 의하면, 미스는
강력한 내적 확신과 안정감을 가진
인상을 확실히 보여주었다. 그는
바우하우스의 리더십과 권한을
당연히 가질 수 있는 사람이었다.[1]
62 바우하우스 내부의 **하네스
마이어**의 지지자들은 후임의 임명을
비판했다. 미스는 가난한 사람들을
위한 주거를 제공해야만 하는
때에도 부자들을 위한 호화주택만을
지었다고 비판했다.[2] 미스는
학교가 지나치게 정치적이라고
강조하면서 신속하게 반대자들을
축출함으로써 문제를 해결했다.
하나의 공식적인 학교 안내서에서,
심지어 정치적으로 격동의 시기에
조차도, 현대 디자인 문화에 대한
바우하우스의 공헌은 어떠한 정당의
정치적 차원도 띄어서는 안 된다고
주장했다.[3]

5 6 ***보르쿠스***와 **워크숍**의 참여는
더 이상 의무사항이 아니었다.
미스의 커리큘럼은 필연적으로
바우하우스를 건축학교로 만들었다.
이전에는 학생들이었던 건축가
하워드 디어스타인은 미스와
직접 학습했고 그의 통찰력을
높게 샀다. '미스는 관리자로서는
소질이 없었다. 그러나 그는 위대한
선생임에는 틀림이 없다'[4]고 했다.

바우하우스가 데사우 시기에
강제적으로 폐쇄된 이후, 미스는
베를린에서 개인적인 기관으로 다시 77
오픈했다. 그러나 1933년 결국
정치적이고 경제적인 압박으로
인해 **바우하우스**는 폐쇄되었다. 82
바우하우스의 미국으로의 이주
중 하나로서, 미스는 **일리노이** 89
공과 대학 IIT의 캠퍼스의 모습을
만들었을 뿐 아니라, 이전의
바우하우스 동료, **발터 페터한스**와 68
루드비히 힐버자이머와 함께
커리큘럼을 만들었다. 미스의
개인적인 평판은 대학 IIT의
평판과 함께 이후 해를 거듭할수록
높아졌다. 그의 잘 알려진 작업들은
개인 주택과 **시그램 빌딩**과 같은 96
기업을 위한 걸작들이 있었다.
미스는 오늘날 20세기의 위대한
건축가로 여겨진다.

앞 페이지. 루드비히 미스 반 데어 로에, 크라운 홀, 일리노이 공과대학의 건축 대학 빌딩

사진

LILLY **REICH**

76

릴리 라이히

마스터, 1932-3

75 **루드비히 미스 반 데어 로에**의 전문적이고 개성적인 파트너, 릴리 라이히의 바우하우스의 역할은 매우 중요했다. 그녀는 두 번째의 여성 마스터였다. 그들의 관계는 그녀의 작업에는 그늘을 드리웠다.

라이히가 미스를 만났을 때, 그녀의 포트폴리오는 이미 의복, 가구, 인테리어 디자인 그리고 전시에 이르렀다. 그녀는 독일공작연맹 위원회의 최초 여성 위원이었다. 이 조직은 산업주의자들과 예술가와 공예가들을 연결을 맺어줌으로써 좋은 디자인을 촉진하고 독일 상품들의 품질경쟁을 높이기 위하여 만들어졌다. 미스의 자서전 작가에 의하면, 라이히는 양식적인 디테일들에 관한 미스의 감각과 취향에 대한 자신감을 가꾸어 주었다.[1]
그들은 바르셀로나 파빌리언과 빌라 투겐트하트의 인테리어를 함께 발전시켰다. 그 이후를 떠올리자면, 한 동료가 쓰기를, 라이히의 많은 제안들과 디자인은 미스에게 영향을 끼치기 시작했다. 그들의 화려한 벽걸이 패브릭 패널은 공간을 나누기 위하여 활동되었다. 마치 1927년 패션 전시장을 위한 벨벳과 실크 카페에서처럼, 그들의
34 이후 작업에 영향을 끼쳤다. **군타 스퇼츨**이 떠나면서, 라이히는 바우하우스의 섬유 워크숍을 1932년 2월부터 관리하기 시작했다. 또한 알프레드 아른트와 인테리어 부문에서 함께 일했고 미스의 관리직 역할도 받아들였다. 그녀의 정확한 통찰력으로, 벽지와 텍스타일에 인쇄되는 패턴들이 디자인되었다. 결과적으로 이러한 작업들은 모든 현대 건축 사무소에서 발견할 수 있는 일이다.[3]군타 스퇼츨이 수작업으로 실험들에 매료되었던 중, 라이히는 실무적인 직조 지식들을 가지고 있지 않았다. 그녀와 미스의 관계는 그녀의 직책 임명이 편애적이라고 해석되게
만들었다. **히네르크 셰퍼**는 그녀를 44
차갑고 진취적인 여성으로 묘사했다.[4]

미스가 이주할 때, 라이히는 그의 사무실을 유지하고 그의 아카이브를 유지하면서 전면에 나서지 않았다. 1939년에는 시카고의 방문을 막았다. 미스는 미국에서 스타가 되었다. 라이히의 평판은 1947년 그녀의 죽음 이전까지 결코 완전히 복구되지 않았다. '나의 모든 존재는 점차 나 자신으로부터 떠나갔다. 사실이 그러했고 개인적으로도 그러했다.'[5]고 그녀는 말했다. 그녀 자신의 인상적인 경력에 덧붙여, 미스의 발전에 있어서 그녀의 역할은 오직 현재에 와서야 널리 이해되기 시작했다.

빌라 투겐하트

가장 화려한 모더니즘, 빌라 투겐하트는 그레테와 프리츠 투겐하트를 위하여 1930년에 브르노에 지어졌다. 오늘날에는 체코 공화국에 속하는 곳이다. 가족 주택을 위해 강철을 처음 사용함으로써 기계시대의 구조와 최신의 기술을 개폐식의 유리 정원의 창문에서 하나로 결합시켰다. 또한 마노와 이국적인 나무와 같은 재료들을 함께 사용했다. 1927년 벨벳과 실크 카페에서처럼 화려한 재료의 우아한 커튼이 공간을 한정하는데 사용되었다. 모든 설비들은 미스와 라이히에 의하여 구체화되었다. 오늘날 빌라는 유네스코 세계문화유산이 되었고 대중에게 공개되고 있다.

앞 페이지. 미스 반 데어 로에의 빌라 투겐하트를 위한 인테리어
릴리 라이히, 1928-30

4

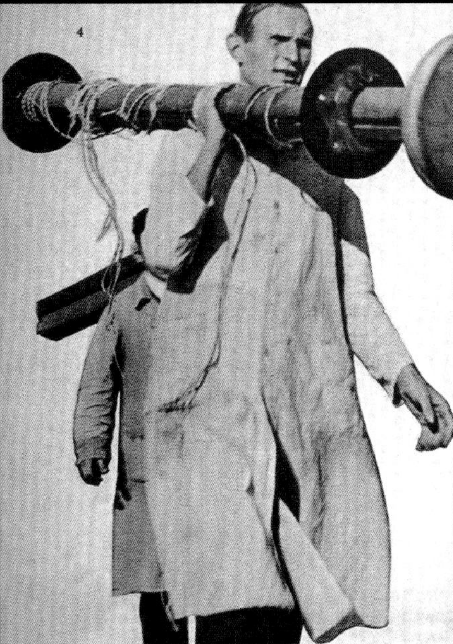

Schüler der Textilklasse bringen die Webstühle in den Lehrsaal

Wegweiser auf dem Fabrikhof

DAS BAUHAUS IN BERLIN

. . . und inmitten des Einzugs beginnt schon der Unterricht

Aufnahmen Reinke-Degephot

Die Kunstschule auf dem Fabrikhof

Die Bitte der ordnungsliebenden Polizei

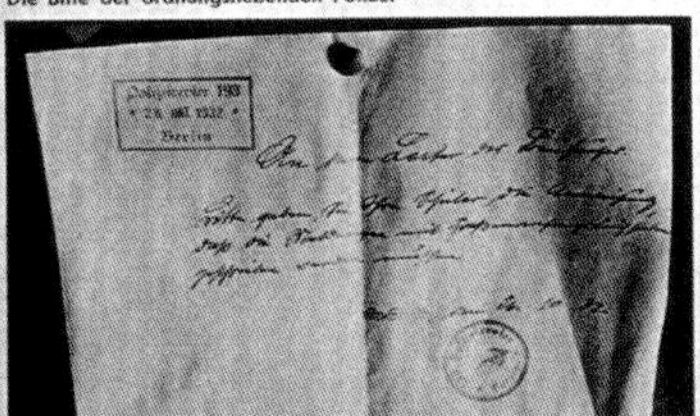

Der Hauptlehrsaal drei Tage vor Beginn des Unterrichts

Eine amerikanische Bauhaus-Schülerin beim Anstreichen der Wände ihres neuen Lehrsaals in Berlin. Hier hat sich das aus Dessau vertriebene Bauhaus in einer stillgelegten Fabrik eingerichtet

77

베를린 슈테글리츠의 바우하우스

1932–3

1932년 10월 18일, 바우하우스는 베를린 슈테글리츠의 이전 전화 공장에서 오픈했다. 당시에 교육과 연구를 위한 독립적인 기관으로 스스로 설명했다.[1] 독일 나치당의 국가 사회주의 도시의회에 의하여 새로이 선출된 시장은 데사우의 바우하우스를 강제로 폐쇄했다.
75 그리고 교장 **루드비히 미스 반 데어 로에**는 바우하우스가 사립학교가 되어야 한다고 선언했다. 데사우에서는 148명의 학생이 있었으나 그보다 적은 114명의 학생이 있었다. 그러나 모든 학생은 더 높은 학비를 지불했다. 재정적인 제한은 마스터 알프레드 아른트,
65 **유스트 슈미트**, 라이오넬 파이닝거가 떠나게 만들었다. 미스는 **바우하우스**
72 **벽지**와 칸뎀 램프와 같은 제품의 라이선스에 관한 권한을 지켜냈다. 그 제품들은 당시에 중요한 수입원이 되었다.

그 첫 달은 학교를 준비하는데 모두 소모되었다. 건축 학도였던 피우스 팔은 당시를 떠올렸다. 우리는 모두 벽을 허물고 새로운 학교를 세우는데 도왔다.[2] 공간은 12개의 스튜디오로 나뉘어졌다. 그리고 커리큘럼은 다시 고안되었다. 우리의 목표는 건축가를 교육하는 것이었다. 미스가 쓰기를, '그들은 소규모 아파트에서 타운 플랜에 이르기까지 건축의 모든 최신 영역을 마스터했다.' 실무적인 건축뿐만 아니라 텍스타일에 이르는 인테리어 디자인까지 학습했다.[3]

비우하우스의 전통으로, 기금을 마련하기 위한 파티가 열렸다.
700명 이상이 참석했고, **파티**는 33
기금모금을 위하여 과거와 현재의 마스터에 의한 작업들을 포함하여 파블로 피카소와 에밀 놀데와 같은 작가의 작품도 추첨하여 판매했다. 학생 앤마리 빌케는 당시 광경을 다음과 같이 묘사했다. '무엇보다도 작품이 전시된 방은 놀라울만했다. 우리의 기념 전시가 전달하는 우아한 인상을 강조하고 있었다.'[4]

그러나, 마지막 단계는 같은 해 4월에 찾아왔다. 게슈타포는 바우하우스를 완전히 막아 버렸다.
그러면서, **바우하우스의 폐쇄** 이전에 82
정신적으로 충격적인 불확정한 시기가 시작되었다. 건축물은 더 이상 학교를 열수 없는 상태가 되었다. 바우하우스의 존재는 푸른 현판에 의해서만 가능했다.

앞 페이지. 베를린 슈테글리츠로 바우하우스의 이전에 관한 *베를리너 타게블라트* 신문의 기사
베를리너 타게블라트, 1932
신문시사

OTTI BERGER

78

오티 베르거

학생, 1927–30
섬유전공 부학과장, 1931–2

오티 베르거를 묘사하는데,
1 이세 그로피우스가 쓰기를, **발터
그로피우스**의 작업 방식을 '거의
아무도 그렇게 완벽하게 이해하거나
그렇게 완벽하게 수행할 수 없었다.'[1]
베르거는 그녀의 바우하우스 경험을
그녀의 작업 동안, 텍스타일 산업으로
가져갔다. 그녀의 경력은 슬프게도
전쟁 중 그녀의 죽음으로 단절되었다.

그녀는 바우하우스에 입학하기 전에
비엔나와 자그레브의 학교로 갔다.
5 ***보르쿠스***에서, 그녀는 그녀의 재료에
37 대한 감수성으로 **라즐로 모홀리
나기**에게 인상을 남겼다. 그는 그녀의
촉각을 이용한 보드를 '재료에서부터
건축까지'에서 다시 만들었다. 베르거는
14 직관을 중요시한 **파울 클레**의 지혜에
34 대하여 종종 언급했다. **군타 스퇼츨**과
48 **아니 알베르스**와 같이, 그녀는 직조기를
이용한 직물을 발전시켰다. 그러나
당시 그녀는 그들이 산업적으로
생산해야만 했다고 주장했다. 그녀가
사유하기에, 수공예적 아이템은 오직
소수의 사치스러운 소비자를 위해서
공급한다고 보았다.

그녀는 바우하우스 시기 동안 1928–9년의 사각형의 페브릭과 같은 디자인으로 텍스타일 생산자들과 관계를 발전시켰다. 그 디자인은 대량생산되었고 이후 카시나에 의하여 다시 이슈가 되었다. 그녀는 섬유
워크숍에 1929년 11월 고용되었고
스퇼츨이 떠난 후, 그 곳의 **릴리** 76
라이히 아래에서 부학과장이 되었다.
스퇼츨은 베르거를 추천하면서
언급하기를, 베르거의 작품은 우리가
이전에 생산한 최고의 작품들에
속한다고 했다.[2]

바우하우스가 폐쇄 될 때, 베르거는
워크숍의 직조기를 구입하였고
베를린의 그녀 자신의 작업실에
설치했다. 그녀는 재료들의 혼합과
패브릭 디자인을 발전시켰고 그녀의
작업은 잡지, 인터내셔널 텍스타일과
도무스에 특집으로 실렸다. 그 시대의
정치학은 유태계 여성이 사업하는
것을 불가능하게 만들었다. 그녀는
사업을 시도했으나 아주 작은 성공을
거둔 후 영국에서 일하게 되었다.
그러는 동안, 그녀는 **시카고의 새로운** 84
바우하우스에서 라즐로 모홀리 나기와
합류하기 위한 공식적인 초대를
기다리고 있었다. 그녀는 병든 어머니를
간호하기 위해 집으로 돌아갔다.
그리고 그녀의 좌절감을 드러내는
편지들을 보냈다. 그리고 아무 소식도
더 이상 들을 수 없었다. 베르거는
1944년 아우슈비츠에서 사망했다.
바우하우스의 20~30여명의 사람들 중
한명은 전쟁 기간 동안 노동 수용소에서
사망한 것으로 믿어진다.

특허권와 이니셜 'o.b.'

오티 베르거는 특이했다. 그녀는 텍스타일 분야에서 '알 수 없는 영역' [3]으로 묘사되었다. 그리고 유일하게 바우하우스의 방직사로서, 그녀의 작품에 대한 특허권을 인도했다. 그녀의 첫 번째 특허권은 1934년 대중교통의 좌석과 벽체를 위해서 그의 디자인을 사용하고자 하는 뫼벨스토프 도펠게외브를 위해 승인되었다. 그 생산물은 슈리버 회사에게 인도되었는데 단서가 있었다. 그녀의 이니셜 'o.b.'를 제품에 새겨 넣어야 했다. 베르거의 두 번째 특허권은 그녀가 1937년 런던에 있던 동안, 인도되었다. 대중교통의 좌석 커버에 적절한 내구성이 큰 텍스타일을 만들기 위해, 새로운 직조 방식을 제안하는데 사용되었다. 그것뿐 아니라, 그녀는 바닥 마감에 특허권을 제안하였다.[4] 그녀의 경력은 너무 짧게 유지되었다. 하지만, 독자적으로 작업했던 유태계 여성으로서, 그러한 측면은 자기홍보이자 그 이상으로 자기 보호를 위한 결과였다 해도, 그러한 특허권과 자기 작품에 대한 그녀의 논문은 베르거가 영리한 홍보담당자였음을 제시한다.

앞 페이지. 텍스타일 샘플 북
오티 베르거, 1930년대

면직물

LEMKE HOUSE

79

렘케 하우스

루드비히 미스 반 데어 로에와 릴리 라이히

1932–3

75 **루드비히 미스 반 데어 로에**의 집 그림, 그리고 그것은 아마도 빌라 투겐하트와 같은 호화로운 주거들로서 어떤 것이다. 렘케 하우스는, 미스가 바우하우스 교장으로 있던 시기에 디자인한 것이다. 유일하게 전원 스타일의 건축물로서, 투겐하트의 100만 마르크에 비하면 대단하지 않는 16,000 마르크의 예산으로 완성되었다.

미스는 칼 그리고 마르타 렘케에 의하여 의뢰되었다. 렘케 하우스는 동베를린의 호수를 바라다보는 대지에 그들의 주거를 디자인한 것이다. 건축은 1932년 8월에 시작되었다. 거리로부터, 단단한 붉은 벽돌 구조는 작은 창을 가지고 있고 콘크리트 평지붕을 하고 있는데 전형적인 미스의 작품처럼 보이지 않는다. 뒤에서 보자면, 서로 다른 층을 가지고 있다. 미스가 언급한 바에 의하며, 건물에 있어 예외적으로 아름다운 장소를 활용하기 위해 건물은 거리에 가까이 배치되었다.[1] 그 L형 건물 안에, 공부방, 거실, 다이닝룸이 배치되고 사암을 깐 테라스 앞에 마주하고 있다. 두 방에는, 바닥에서 천장까지 높이의 창문이 일체화된 출입구와 함께, 테라스로 열렸다. 그 너머에는 잘 조경된 정원이 있었다. 내부와 외부 사이에 경계를 흐트러뜨리는 것으로, 심지어 이러한 수수한 건물이 어떻게 미스의 개성적인 유동적 공간을 제시할 수 있는가를 보여준다. 그는 이 건물을 매우 평안함과 열린 공간[2]의 아름다운 대안들로 묘사했다. 그리고 '신은 디테일에 있다'는 접근은 그의 작품과 연관이 있다. 주택의 소나무로 제작된 헤링본 무늬 쪽마루에서부터 자체 제작된 스틸 그리고 테라스를 마주하는 브론즈로 만든 출입문에서 디테일을 발견할 수 있다. **릴리 라이히**는 의자에서 책장까지 가구 작업도 포함하여 인테리어 계획에서 함께 작업했다. 76

그러나, 렘케 부부는 그 집을 짧은 시간동안만 즐겼다. 그리고 소비에크 육군에 1945년 점유되었다. 그리고 나서, 비밀경찰에 의하여 사용되었다. 21세기 초, 대규모 리노베이션이 필요해졌다. 렘케 부부에 의해 보존된 가구는 현재 베를린의 공예박물관에 보관되어 있다. 그리고 주택은 갤러리가 되었다. 내부, 외부, 공간 그리고 조명의 결합은 예술을 고려한 멋진 장소를 만들어 냈다.

앞 페이지. 빌라 렘케의 외부 루드비히 미스 반 데어 로에, 1932-3

INTERNATIONAL **STYLE**

80

인터내셔날 스타일

1932

인터내셔널 스타일은 1932년 MoMA의 전시와 관련이 깊다. 하지만, 전시 타이틀에는 그 어휘에 대한 어떠한 언급도 나타나지 않았다. '현대 건축 : 국제박람회'는 해외전시에 나서기 전, 2월 10일부터 3월 23일까지 지속되었다. 관련된 정치적 혹은
1 사회적 배경이 없는 양식으로서, **발터**
75 **그로피우스**와 **루드비히 미스 반 데어 로에**와 같은 작가들에 의하여 실현된 건축을 재위치시키기 시작했다.

이러한 정의는 MoMA의 전시 감독, 알프레드 바 주니어에 의하여 만들어진 전시 카탈로그와 책 '*인터내셔널 스타일 : 1922년 이후의 건축*'에 나타나기 시작했다. 이 책은 MoMA의 전시 큐레이터였던 두 사람, 건축 담당자인 필립 존슨과 헨리 러셀 히치콕에 의하여 쓰여졌다. 여러 작품들 가운데,
36 그로피우스의 **데사우 바우하우스**의 사진과 바르셀로나 파빌리언의 사진이 수록된 카탈로그에서, 바아는 여러 다른 국가들에서 인터내셔널 스타일의 동시적 발전을 설명했다.[1] 네 명의 창립자들 가운데 그로피우스와 미스의 이름을 언급하면서, 르 꼬르뷔제와 독일 건축가 우드도 함께 언급했다.[2]

인터내셔널 스타일의 서술된 정의는 전시보다도 더 엄격했다. 그리고 심지어 시간이 지나면서 더 엄격해졌다. 전시는 레이몬드 후드의 1931년 아르데코식 맥그로우힐 고층건물과 같은 작품도 포함되지만, 서술된 텍스트는 인터내셔널 스타일이 '계획된 장식의 회피'를 의미한다고 주장했다. 또한 '볼륨으로서의 건축'과 계획에서의 '대칭성 보다는 규칙성'이라고 언급했다.[3]

'스타일' 자체에 관한 논의에 초점을 맞추는 것은 건축이 그동안 유럽의 건축적 발전에 영향을 끼친 정치적, 사회적, 현실적인 고려사항들을 잃었음을 의미했다. 특별히 전후에 펼쳐질 수 있었던 것은 외관모습이 되었다. 그리고 기술적인 발전은 더 높은 수준의 프리패브리케이션을
가능하게 했다. **시그램 빌딩**과 96
같은 것들은 어떻게 건축적 정의가 실질적인 스타일로 완성될 수 있는가를 보여주는 동안, 더 적은 표현은 담백함과 동의어가 되었다.
톰 울프는 '*바우하우스에서 우리시대* 100
주거까지'에서 이러한 종류의 건축을 따로 떼어냈다.

앞 페이지. 빌라 사보아
르 꼬르뷔제 디자인, 1929-31

The Attack on the Bauhaus

81

바우하우스에 대한 공격

이와오 야마와키

1932

이 강력한 사진 몽타주에서, 즉각
36 인식할 수 있는 **데사우 바우하우스**
건물의 형태는 여러 각도로 뉘어져
있다. 이 모습은 현대적이고
유토피아적인 미래의 기호이다.
그리고 성큼 성큼 걷는 나치에
의하여 짓밟히고 있다. 반면에
멀리에서는 학생들이 유니폼을 맞춰
입은 군인들 앞에 엎드려 누워있다.

바우하우스가 실재하는 동안,
학교는 반독일로 알려진 반대자들에
의하여, 좌파적인 것으로 보였다.
국가 사회주의 정당이 권력을
얻자, 바우하우스는 정치적인
요구에 따라야하는 압력에 놓였다.
82 부분적으로 **바우하우스의 폐쇄**를
유도했다. 그 결정은 시위에 불을
붙였다. 그리고 널리 보도되었다.
사실, 야마와키에 의해 사용된
얼마간의 이미지들은 좌파였던
아르바이터 일러스트리에르테
자이퉁 잡지에 나타났다. 그 잡지의
이미지는 그 자신의 사진들을
결합하여 만들었다. 야마와키는
68 **발터 페터한스** 아래 사진을 배웠다.
독일에서보다도, 야마와키의 고국인
일본에서, 1932년 12월 인터내셔널
아키텍쳐의 이슈로 '바우하우스에
대한 공격'이 출간되었다.
'그로피우스의 바우하우스는 이제
작업의 잃어버린 한 조각과 같다.'[1]
이와오는 같은 해 9월 그처럼
한탄했다. 그는 **하네스 마이어**가 62
사임하자마자, 그의 아내 미치코와
1930년 데사우에 도착했다.
인터내셔널 아키텍처의 텍스트와
함께, 이와오는 학교에서 직면한
긴장들을 묘사했다. '어떻게 정치적
논의가 전혀 멈추지 않는지.'[2]
그럼에도 불구하고, 그는 다시
희망을 이야기했다. 바우하우스에
대하여 그가 원하는 것을
표현하면서 이런 저런 형태로, 다시
한 번 고개를 쳐들기를 바랐다.[3]
불안한 징조로 바우하우스가
베를린으로 옮겨가면서, 부부는 77
일본으로 돌아갔다. 그들은 책, 사진
그리고 두 개의 직조 기계를 가지고
갔다. 이와오가 실무적인 건축으로
돌아간 동안, 바우하우스는 다른
방식으로 일본에 영향을 끼쳤다.
특별히 바우하우스에 고무된 도쿄의
'Institute of New Architecture and
Industrial Arts'에 의하여, 이 학교는
1931년에서 36년까지 유지되었다.
반면, 미치코는 텍스타일과 패션
디자이너로서, 바우하우스 전시를
일본으로 가져오는데 중요한 역할을
했다. 결과적으로 바우하우스의
전설과 영향력을 지속시켰다.

앞 페이지. *바우하우스에 대한 공격*
이와오 야마와키, 1932
포토몽타쥬

The closure of the Bauhaus

82

바우하우스의 폐쇄

1933

아침 일찍, 경찰이 트럭을 타고 도착했다. 그리고 바우하우스를 폐쇄했다. 바우하우스 구성원들은 적절한 신원확인도 없이 트럭에 실려서 멀리 데려갔다.[1] 학생이었던 피우스 팔은 1933년 4월 베를린에서의 운명적인 그 날을 다시 떠올렸다. 데사우에서 다시 옮겨가면서, 당시 정치는 바우하우스의 운명에 영향을 끼치고 있었다. 도시 시장의 활동을 조사하는 부분으로서, 베를린의 바우하우스 대지는 수색되고 비밀경찰에 의하여 접근 금지되었다. 모두는 모든 것이 제보되는 위압적인 시선아래 놓였다.

사실, 이제는 교육을 유지하는 것이 불가능해졌기 때문에, 그 이후로 한 달 동안 진정서와 탄원이 이어졌고 접근 금지를 폐기하고자 시도했다. 최종적으로 게슈타포는 바우하우스가 다시 오픈 될 수 있는 조건들을 보여주는 편지를 보냈다.
27 그 안에는 **바실리 칸딘스키**와
루드비히 힐버자이머의 해임, 유태인 직원들의 금지 그리고 국가 사회주의에 근거하는 실라버스가 포함되었다.

그러한 결정은 때를 필요는
없었다. 교장인 **루드비히 미스 반** 75
데어 로에에게 편지가 도달하기 전에, 최종 협상의 부분으로서 중개된 데사우로부터 받은 남겨진 기금은 이미 끊어지고 없다고 보고 받았다. 1993년 7월 20일, 마스터 위원회는 무기명으로 바우하우스를 해체하기로 투표했다.

이후에, 미스는 나치의 이론적 지도자와 알프레드 로젠버그와 대화를 연상했다. 학교를 다시 열기 위하여 시도하는 가운데, 로젠버그는 미스에게 간단히 물었다. '왜 학교의 이름을 바꾸지 않습니까?'[2] 우익에게 있어, 바우하우스라는 이름은 파괴될 필요가 있는 그 무엇을 상징화했다. 미스에게 바우하우스는 돈을 벌기 위한 노력의 중심에, 브랜드 이름이 되었다.[3] 둘 사이의 대화는 학교를 오픈하는데 직면한 거의 불가능한 딜레마를 보여준다. 1933년 8월 10일 바우하우스는 영원히 해체되었다.

바우하우스 계단실, 오스카 슐레머, 1932

오스카 슐레머의 *바우하우스* 17
*계단실*은 바우하우스의 역사에서 3가지 중요한 움직임을 기록한다. 럭스 파이닝거에 의하여 찍혀진, 데사우 계단실의 섬유 공방을 보여주는 사진을 바탕으로 그려졌다.
작품은 **발터 그로피우스**가 1
바우하우스를 떠날 때 그에게 선물로 준 것이다. 슐레머는 브레슬라우에서 작업을 발전시켰다. 이후에 데사우에서 바우하우스가 폐쇄되었다는 소식이 전해졌다. 마지막으로, 슐레머는 바우하우스가 영원히 사라졌다는 소식을 알게 된 이후 바우하우스 계단실을 1933년 쇼에 전시했다. 알프레드 바 주니어, 뉴욕 MoMA의 전시 감독은 슐레머의 전시가 나치의 가혹한 압력에 의해 폐쇄되었음을 알았다. 그리고 MoMA의 컬렉션 '단지 개자식을 괴롭히기 위하여'[4]를 위해 그의 작품을 획득했다.

앞 페이지. *바우하우스 계단실*
오스카 슐레머, 1932
캔버스 위 유화

VKhUTEMAS

83

고등예술기술공방

1920–30

종종 러시아의 바우하우스로 묘사되는, 브후테마스는 1920년 레닌에 의하여 세워진 모스크바 예술과 디자인 학교였다. 이 학교는 산업을 위하여, 매우 수준 있는 마스터 아티스트들을 교육하기 위한 것이다.[1] 바우하우스와 같이, 이 학교는 사회의 예술가들을 위하여 새로운 역할을 찾았다.

5 **보르쿠스**와 함께, 그 예비 과정은 일반적인 예술 교육의 토대를 제공했다.[2] 그리고 평면, 색채, 볼륨, 공간과 같은 연구를 독려했다. 그곳에서, 학생들은 학부를 선택했다. 회화, 조각, 텍스타일, 세라믹, 건축, 목공예, 금속공예를 선택할 수 있었다. 목공예와 금속공예는 1926년 합병되었다.

학교는 스타일의 배열과 정신적인 태도를 모두 교육했다. 알렉산더 로드첸고와 엘 리시츠키와 같은 구성주의자들은 엔지니어아티스트를
25 훈련하고자 희망했고 **예술과 기술**의 통합을 얻고자 했다. 바우하우스와 연계에도 불구하고, 구성주의자들은 그들의 혁명 이후의 위치가 독창적이라는 것을 믿고 있었다. 카지미르 말레비치는 1925년부터 브후테마스에서 교육했다. 그리고 바우하우스의 책 '*비객관적인 세계*'를 저술했다. 이러한 새로운 사회를 위한 디자인에서, 로드첸코는 다목적의 오브제들을 발전시키고자 했다. 그 가운데는 의자로 변할 수 있는 침대도 있었다. 그에게, 그러한 작품들의 가치는 상징적인 만큼 실질적이었다. 사용자들의 활용할 수 있는 가능성을 증명하고 있었다.[3] 실제로, 브후테마스는 산업을 위하여 많은 마스터 아티스트를 배출하지는 않았다. 약 1,300명의 학생들 가운데, 약 10퍼센트만이, 목공과 같은 생산을 바탕으로 하는 학습을 할 수 있었다. 1927년, 브후테마스는 산업적이고 기술적인 훈련 기관, 브후타인으로 다시 전환되었으나 3년후 학교는 문을 닫았다.

학교의 건축 학부는 몇몇의 20세기 위대한 러시아 건축가들에 의하여 교육되는 수업들로 정비되었다.[4] 그들은 니콜라이 라도프스키, 모이세이 긴즈부르크, 콘스탄틴 멜니코프였다. 1928년 바우하우스의 멤버, 아리에 샤론
(후에 **텔아비브의 발전**에 영향일 92
끼침), **군타 스퇼츨**, 피어 뷰킹이 34
교환 프로그램으로 참여했다. 그러나 바우하우스와 같이, 학교의 이상이 정치적인 성향으로부터 멀어지게 되면서 학교는 어려움에 처했다. 그리고 1930년 해체되었다.

앞 페이지. 브후테마스의 건축, 엘 리시츠키, 1927

책 표지

New Bauhaus, Chicago

84

새로운 바우하우스, 시카고

1937–38

새로운 바우하우스를 위한 포스터, 1937년 10월 18일 오픈, 3가지의 약속.
·디자인 원칙에 대한 철저한 교육
·수공예와 기계작업을 교육하는 워크숍
·재료에 대한 기본 지식[1]

오래된 만큼 바우하우스도 노화되었다. 바우하우스의 후계자들에 의하여 더 유명해졌으나, 그 시작부터 중요한 차이가 있었다. 새로운 바우하우스는 시카고 예술산업협회에 의하여 설립되었다. 협회는 문화적인 발전과 중요한 수익발생을 위하여 예술과 산업을 하나로 묶고자
1 했다. **발터 그로피우스**의 추천에
37 의하여, **라즐로 모홀리 나기**는 첫
88 번째 교장이 되었다. **블랙 마운튼 칼리지**와 대조적으로, 새로운 바우하우스는 특별한 디자인 스쿨이었다. 모홀리 나기가 이야기 했듯이 기술적인 발전에 저항하지 않고 기술과 함께 작업했다.[2]

바우하우스의 평판은 학생들을 학교로 끌어모았다. 그 안에는 리차드 코페도 있었다. 그의 동료가 묘사하기를, '우리들 중 많은 이들이 새로운 재료, 방식, 이론으로 작업하는 기대에 매료되었다. 무엇보다도 그들은 교육 개념에 관심이 컸다.'[3]
그러나, 사업 투자자의 지원을 유지하는 것은 어려웠다. 투자금의 철수가 이어졌다. 학교는 그 첫 해가 지나서 폐쇄될 수밖에 없었다.

그 와중에도 성공들은 있었다. 미국의 컨테이너 연합과 함께 공동의 광고작업은 기쁘게도 디자인 스쿨과 그 계승자들에게 기금을 마련할 수
있도록 도왔다. ***보르쿠스*** 혹은 기초 5
과정은 학생들이 4개의 전문화된 영역에서 하나를 선택하여 학습하기 전에 거쳐야하는 교육의 기본적인 과정이었다. 4개의 전문 과정은 산업 디자인, 광고예술, 텍스타일 디자인, 사진학이었다. 디자이너 힌 브레덴디에크, 직조사 마리 에르만이 교육했고 이들은 모두 이전에 바우하우스에서도 가르쳤다. 학교는 직업적인 능력을 제공하고자 시작되었고 전문가적인 삶을 위한 준비를 시작하도록 유도했다.

1944년 모홀리 나기가 사망하기 2년 전, 학교는 디자인 학교가 되었다. 그리고 1949년에는
일리노이 공과대학에 흡수되었고 89
디자인 혁신의 평판을 이어나갔다. 원래의 바우하우스와 실험적인 블랙 마운틴 칼리지는 다르게, 이 학교는 오늘날에도 유지된다.

앞 페이지. 새로운 바우하우스의 내부 시카고, 촉각의 차트, 1940년경
사진

Mühely, the 'Budapest Bauhaus'

85

작업실, 부다페스트 바우하우스

1928–38

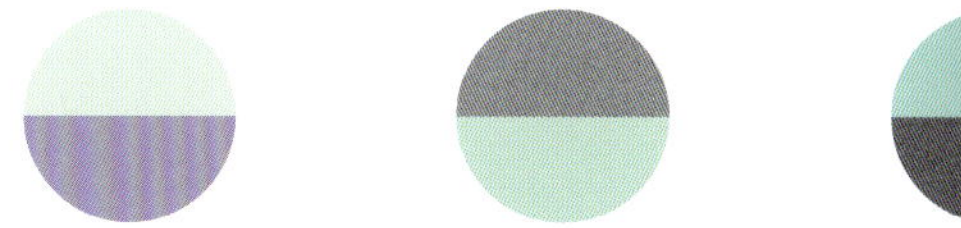

작업장Mühely는 스튜디오를 의미한다. 흔히 Miihely 혹은 Mügely로도 알려진다. 뮤헬리Mühely는 부다페스트 바우하우스로도 언급된다.[1] 그리고 유명한 교육기관[2]의 분관으로도 묘사된다. 비록 바우하우스의 개념에 의하여 고무되었지만, 사실, 그래픽 디자인 스쿨 이상의 곳이었다.[3]

1928년 화가 샨도르 보르트닉 (또는 알렉산더)에 의하여 설립되었다. 그는 헝가리 아방가르드 작가로
37 유명했다. 예를 들자면, **라즐로 모홀리 나기**와 함께 예술가들의 MA Group의 설립자 중 하나였다. 보르트닉은 바이마르에서 보낸 시기동안 바우하우스에 친숙했다. 그리고 그래픽 아트에 집중하는 그의 학교는 바우하우스의 형식들을 연상시킨다. 학교에는 기본 학습이 있었고 두 번째로는 동일한 열정으로 평행하게 추구된 사업 교과가 있었다.[4] 뮤헬리의 가장 유명한 학생, 옵 아프의 개척자 였던 빅토르 바자렐리는 1928년에 입학할 당시의 선택들을 회상했다. 무대 장식, 일러스트레이션, 포토몽타쥬, 디자인 혹은 광고가 있었다. 나는 제약회사 삽입광고와 포스터를 선택했다.[5] 파르카스 몰나르와 같은, 이전의 바우하우스 학생들이 학교에서 배웠다.

아티스트로서 보르트닉의 개념화는 바우하우스에서 발전시킨 것과 조금 달랐다. 그는 학생들에게 안정된 삶을 살 수 있는 사업적인 측면을 발전시킬 것을 조언했다.[6] 그리고 여가 시간을 예술적 실험에 사용하도록 했다. 여전히 바우하우스의 영향은 있었다. 그 영향력은 예술을 실질적인 활동으로 만들어 내는 개념 그리고 회화, 그래픽, 건축 사이에 경계의 부족과 같은, 바사렐리의 작업을 통해 추적할 수 있었다.

점점 더 증가하는 헝가리의 적대적 정치 상황에서, 학교는 1938년에 폐쇄되었다. 비록 학교는 바우하우스에게 진정한 파트너가 되지는 않았으나, 어떻게 바우하우스의 영향력과 교육적 개념이 유럽의 아방가르드의 네트워크를 통하여 전달되었는가를 보여준다.

앞 페이지. *기하학적 구성*
샨도르 보르트닉, 1925
판지 위 오일

LONG CHAIR

86

롱 체어

마르셀 브로이어

1936

미국에서의 그들의 시간은 이전의
1 마스터 **발터 그로피우스**, **라즐로**
37 42 **모홀리 나기**와 **마르셀 브로이어**의
평판과 결합되었다. 그 이전에,
전후 바우하우스는 브리튼에서
몇 년간 소비되었다. 그들은
각각, 모더니즘에 대한 영국의
열정 부족으로 실망하고 있었다.
하나의 주목할 만한 예외는
아이소콘 회사의 공동 창업자
잭 프리차드였다. 그는 런던의
80 **인터내셔널 스타일**의 라운 로드
플랫의 건축을 책임졌다. 그곳은 세
명의 바우하우스 마스터들에게는
집에 되었다. 1935년, 프리챠드는
아이소콘 가구회사를 설립하고
동시대의 삶을 더 즐겁게, 편리하고,
효율적으로 만들고자 했다.[1]
그로피우스는 그 사업의 감독자로
그리고 브로이어는 디자이너로
임명되었다.

프리챠드는 이전에, 에스토니아 합판 회사, 베네스타에서 일했다. 그가 믿기에, 영국의 취향에는 강관을 사용하기 보다는 합판이 더 수용 가능했다. 핀란드 디자이너 알바 알토는 이미 현대 디자인에 있어 합판의 잠재성을 증명했다. 편리함의 개념이 중요했다. 그로피우스의 제안으로, 브로이어는 그의 강관을 활용한 가구를 토대로 합판을 사용한 버전의 작업을 했다.

롱 체어를 위한 좌석은 에스토니아에서 사전에 굽혀서 적용되었다. 프레임은 런던에서 만들어졌다. 종종 좌석을 포장해서 배송한 나무 상자들을 활용하였다. 심지어, 브로이어가 미국에 거주하기 시작하면서 1950년, 60 년대에는 우편 서신을 통해서도 디자인은 지속적으로 조정되었다. 새로운 재료를 사용함으로써, 롱 체어는 완전히 새로운 모습을 가졌다. 영감을 얻기 위하여, 기계 시대보다는 자연 세계를 고려한 것으로 보인다. 제품의 광고 자료에 따르면, 롱 체어는 행복한 감정을 즉시 창조할 수 있는 능력이 있는 것으로 보인다.[2]

비판적 성공에도 불구하고, 롱 체어는 상대적으로 적은 수의 제품만이 생산되었다. 1938년, 매주 셋에서 여섯 개의 의자가 생산되었다. 오늘날 그 제품은 재기된 아이소콘 회사에 의하여 여전히 생산되고 있다. 브리튼의 바우하우스의 아주 짧은 순간은 영원한 증거가 되었다.

앞 페이지. 롱 체어
마르셀 브로이어, 1936

Walter Gropius and Harvard's Graduate School of Design

87

발터 그로피우스와 하버드 디자인 대학원

1937–52

이 친절한 대륙은, 겉보기로는 흩어진
바우하우스의 에너지를 모으기
위한 저수지가 되어갔다고 **발터**
1 **그로피우스**는 **요제프 알베르스**에게
47 적었다. 우리 노력들의 유사성을
통해, 각자는 서로를 후원하였다.[1]
그로피우스는 하버드 디자인 대학원
(GSD)덕분에 친절한 대륙, 북미로
1937년 건너왔다. 대학원은 새로운
학장 요제프 허드너트 아래에서
교육되었다. 그는 그로피우스에게
협조를 요청하여 그들의 건축
프로그램을 개선했다. 그리고 이후
15년 동안, 그 결과는 세계의 모든
것으로부터 학생들을 끌어모았다.

42 **마르셀 브로이어**를 포함하여,
이전의 동료들을 불러 모았으나,
그로피우스는 다시 바우하우스를
만들어내지는 않았다. 예를 들면,
5 허드너트는 ***보르쿠스*** 스타일의 과정을
소개하는 것을 반대했다. 그러나
그로피우스는 모방보다는 창조를
독려했다. 1949년 뉴욕 타임즈에
말하기를, '우리는 영원히 재현을
재현하기를 반복할 수는 없었다.
또한 중세적 취미도 식민주의도
결코 20세기 인간의 삶을 표현할 수
없었다.'[2] 그리고 개인주의를 넘어서
공동작업에 우선순위를 둘 수도
없었다. 그로피우스의 학생들로
이오밍 페이, 해리 자이들러, 필립
존슨이 있었다. 이들은 미국에서
그리고 세계에서 건축을 변화시켰다.
1938년 이후, 시카고의 **일리노이** 75
공과대학에 **루드비히 미스 반 데어** 89
로에의 영향으로 그로피우스 또한
교육을 변화시켰다.

그로피우스는 1941년이 되기 전,
마르셀 브로이어와 건축 사무소를
세웠다. 그 대표작은 링컨에 있는 그들
자신의 주택이었다. 유럽의 모더니즘과
뉴잉글랜드의 전통이 만나는
디자인이었다. 1948년, 그로피우스
사무소는 3년 전에 The Architects
Collaborative (TAC)를 설립했다.
TAC는 하버드로부터 졸업센터를
디자인하도록 의뢰받았다. 센터는 비록
현대적인 방식으로 디자인되었으나
하버드의 전통적인 거주지의 사각형
중정을 연상시켰다. 그 놀라운 예술적
건축 작업은 이전의 바우하우스
구성원들로부터 얻어진 가치들을
포함시켰다. 요제프 알베르스는 블록의
부조에 기여했고 **헤르베르트 바이엘**은 58
벽화에, **아니 알베르스**는 텍스타일 48
디자인에 기여했다. 그로피우스는 또한
하버드의 부쉬 라이징거 박물관를
도와서 바우하우스와 관련된 자료들을
수집하였다. 그 자료들은 오늘날 3,000
여점 이상이나 된다.

앞 페이지. 하버드 대학원 센터
발터 그로피우스, 1950

BLACK MOUNTAIN COLLEGE

88

블랙 마운틴 칼리지

1933–57

1933년에서 57년까지 짧은 동안
유지되었으나, 블랙 마운틴 칼리지는
오래 동안 지속된 영향을 끼쳤다.
초기 학생들은 로버트 라우센버그,
사이 톰블리, 루스 아사와가 있었다.
칼리지는 세기 중반부터 지금까지
바우하우스의 아이디어를 미국의
시각예술에 흡수될 수 있도록 도왔다.

이 작은 북부 캘리포니아의 칼리지는
1930년대에 180여명의 학생들이
47 재학했었다. 그리고 이곳은 **요제프**
48 **알베르스**와 **아니 알베르스**의
거주지가 되었고, 이후 오스카
슐레머와 함께 공부했던 한티
차빈스키가 합류했다. 요제프는
미국에서 교육적인 위치를 받아들인
첫 번째 바우하우스의 마스터였다.
80 그의 임용은 1932년 **인터내셔널**
스타일 전시의 큐레이터였던 필립
존슨의 영향에 의해 이루어졌다. 아니
알베르스는 어떠한 지위도 없었다.
그러나 그녀는 섬유 수업을 가르쳤다.

1933년 11월, 요제프와 아니
알베르스의 도착은 미국 신문들에
소개되었다. 예술의 후원자 에드워드
월버그는 예언적으로, 주장했다.
요제프는 기본적으로 예술교육의
접근에 있어 현재 방식을 변화시킬
수 있다고 주장했다.[1] 바우하우스와
대조적으로 블랙 마운틴 칼리지는
자유로운 예술 대학이었고 예술
학교가 아니었다. 학생들은 그들
자신이 학습하고자 하는 분야를
선택할 수 있었다. 학습은 학생
스스로의 관찰과 실험에 근거했다.[2]
요제프는 ***보르쿠스***의 다양한 5
방식들을 가르쳤다. 그는 다시
이름을 붙여 '공작교육'으로 불렀다.
그것은 실제 작업을 통한 학습을
강조하는 수업을 반영한 것이다.
독일에서와 마찬가지로, 선생보다는
학생들이 수업을 이끌고 재료의
탐색을 독려했다. 그는 점점 더 색채
지각에 관심을 가지기 시작했다.
그러한 관심은 1963년 '***색채의*** 97
상호작용'을 출간하게 만들었다.

아니의 교육은 촉각의 중요성에
집중되었다. 그녀의 책 '***직조에*** 98
관하여'에서 더욱 충분하게
논의하였다. 그러나 이 책은
산업화를 배제하기 위한 것은
아니었다. 블랙 마운틴 칼리지의
섬유직조 프로그램은 경제적으로
자립 가능했다. 그 프로젝트는
항공기를 위한 디자인으로부터 공용
현관의 디자인까지, 기숙사에서부터
무대까지 다양했다.

미국에 도착하면서, 요제프는
언급했다. '나의 의도는 눈을 열어주기
위한 것이다.'[3] 그의 학생 로버트
라우젠버그의 말로는, '그가 가르친 것은
모든 시각적 세계와 관계가 있었다.'[4]

아니 알베르스와 알렉스 리드의 장신구

아니 알베르스는, 많은 그녀의 바우하우스 동료들이 그러한 것 같이, 광범위한 종류의 재료들을 실험하는 것으로 유명했다. 1940년, 블랙 마운틴 칼리지에서 그녀의 학생 알렉스 리드와 공동작업을 함으로써, 그녀는 일련의 장신구를 만들었는데 디자인은 커튼 링, 나사, 머리핀 등과 같은 가정의 소품들로부터 만들어냈다. 그녀의 이름, 알베르스를 사용해서 만든 목걸이는 브리티쉬 뮤지엄의 컬렉션에 포함되었다. 그리고 구매자는 자신의 이름으로 만든 작품을 만들어 살 수 있다.[5]

앞 페이지. 블랙 마운틴 칼리지에서 가르치는 요제프 알베르스
제네비에브 네일러, 1940년대
사진

Mies at the Illinois Institute of Technology

89

일리노이 공과대학에서의 미스

1938–58

75 **루드비히 미스 반 데어 로에**가 1938년 시카고에 도착한 것은 그의 경력에서 전환점이었다. 아머 공과대학의 건축 학부의 학장으로서 그는 영향력 있는 건축 교육 프로그램을 만들었다. 아머 공과대학은 후에 일리노이 공과대학의 건축, 계획, 디자인 대학이 되었다. 게다가, 그의 캠퍼스에 관한 노력을 통해, 그 자신의 작업을 발전시켰다. 그 작업은 20세기의 후반의 건축적 외향을 정의하는 아이디어를 다시 정립했다.

미스는 건축이 그 시대를 대변해야만 한다고 믿었다. 진정으로 책임질 수 있는 판단에 의하여 재료를 사용함으로써 창조되어야 한다고 믿었다.[1] 건축물은 실제 작업이며 개념이 아니므로, 작품의 방법, 작업의 방식은 건축 교육의 정수가 되어야만 한다.[2] 그는 이전의 바우하우스 마스터들을 교직원으로 임용했다. 루드비히 힐버자이머는
68 도시 계획을 가르쳤다. 그리고 **발터 페터한스**는 혁신적인 근본적 시각 교육 과정을 발전시켰다.

미스는 1940–1년, 대학이 요구하는 새로운 캠퍼스를 위하여 마스터플랜을 작성했다. 미스는 자신이 해야만 했던 가장 큰 결정으로 묘사했다.[3] 그는 개별적인 건물에 의해 요구되는 공간을 지도화했다. 건물들은 건물들이 적절히 자리잡아야하는 곳에 고정되어 그리드를 만들어냈다. 건축물은 천천히 실현되었다. 20개 동은 미스에 의하여 1943년에서 1957년 사이에 디자인 되었고 그의 실험적 작업을 보여준다. 광물과 금속 연구동(1942–3)은 L형 빔을 사용했다. 반면, 동창회관(1945)은 톱니모양의 코너부를 가지고 있었다. 결과적으로, 건축물의 '피복과 뼈대 구조'를 강조하게 되었다. 두 작품은 미스의 후반기 작품의 특징을 가지고 있다. 블록과 유리로 만들어진 고층 건물은 학생의 주거 공간으로서 오늘날 세계에 잘 알려져 있다.

캠퍼스 프로젝트가 미스의 이름을 미국에 알리고 개인적인 실무에 적용한 개념들을 발전시켰으나, 그 작품들은 일반적으로 인기가 있지는 않았다. 1997년 대학 학생들의 전국적인 조사는 그 캠퍼스를 전혀 아름답지 않은 캠퍼스로 간주했다.[4]

일리노이 공과대학에서의 렘 콜하스

일리노이 공과대학 캠퍼스는 새로운 스타 건축가의 건물을 2003년 얻었다. 렘 콜하스의 OMA가 디자인 한 맥코믹 트리뷴 캠퍼스 센터로서, 피터 아이젠만과 자하 하디드와 같은 건축가들과 경쟁하여 공모전을 수상했다. 콜하스의 에세이를 보면, 캠퍼스는 그 주변의 도시의 소멸과 함께 고립되고 있었다. 미스의 선택이 의미하는 것은 '도시적 환경에서 더 이상 비어있음을 의미하지 않으며 ... 반대로, 보이드 안에 보이드'였다.[5] 센터 건물을 디자인하는데 있어서, 캠퍼스를 가로지르는 학생들의 동선은 길을 만들었다. 이 거대한 단층의 건물은 캠퍼스를 연결하고자 의도되었다. 또한 서점과 우체국 같은 기능이 함께 배치되었다. 건축물 위 스테인리스 스틸을 감싼 튜브는 캠퍼스를 자르며 가로지르는 선로의 소음들을 감싸 세워졌다. 그 원본 디자인에서, 그 건물은 미스가 디자인 한 공용 빌딩을 넘어 확장되었다. 그러나 환경보호운동가들의 캠페인은 두 건물 모두에 분리되어 자리 잡았다. 존경과 공격의 두 가지로 묘사되는,[6] 센터는 피할 수 없는 미스의 모습이 남겨져 있다. 그리고 5.5m 높이의 초상화가 건물의 유리 출입문에 사용되고 있다.

앞 페이지. 일리노이 공과대학에서 학생들에 의해 둘러싸인 미스
작가미상, 1947

사진

Ulm School of Design

90

울름 디자인 스쿨

1953–68

1 **발터 그로피우스**에 의하여 '울름 바우하우스'라고 처음 설명되었고, 이전의 바우하우스 학생과 교장이 함께 있었다. 의심할 여지없이 독일미술대학(HfG)은 새로운 바우하우스로 여겨졌다. 이 대학이 사회적 관심에 토대를 둔 디자인 철학을 공유하였음에도, 학교는 오래가지 않았고 그 나름대로 영향을 끼쳤다.

반나치 저항 단체에 속하여 죽음을 당한 그녀의 형제와 자매들을 기리는 방법을 찾고자하는 생각은 잉게 숄로부터 나왔다. 그리고 그래픽 디자이너 오틀 아이처도 동참했다. 그들은 학교의 도덕적인 목적이 평화와 자유의 정신을 성장시키는 것이라고 믿었다.[1] 스위스의 예술가이자 디자이너, 그리고 바우하우스 학생이었던 막스 빌이 교장으로 임명되었다. 그로피우스는 그 노력을 지지했다. 선생으로는
47 68 **요제프 알베르스, 발터 페터한스,**
4 **요하네스 이텐**이 합류했다.

울름의 학생들은 단순히 직업적인 기술을 습득하여 졸업하지 않았다. 그들은 사회에 영향을 끼쳤다. 우선, 책임감 있는 시민으로서, 두 번째, 어떠한 것보다도 더 훌륭하고 값싼 생산물의 디자이너로서, 일반적으로 사회의 생활수준을 높이는데 기여했다. 그리고 우리 기술적인 시대의 문화를 창조했다.[2] 학교는 산업체와 기업체들, 루프트한자, 브라운, 융한스 등과 공동 작업했다. 융한스를 위해서, 빌은 그의 가장
유명한 **시계**를 디자인했다. 95

학교를 위한 빌의 비전은 일상생활의 오브제들을 더 훌륭한 것, 더 아름다운 것, 더 실질적인 것이었다. 그의 비전은, 디자인에 있어서 더 과학적인 접근을 주장한 직원과 학생들과 충돌했다. 궁극적으로 1958년 그의 사임을 불러왔다. 그러한 논쟁은 그의 이직 후에도 지속되었고 10년 후, 재정 위기와 겹쳐, 학교의 폐쇄를 결정하게 되었다. 당시 그로피우스는 슈투트가르트에서 바우하우스 전시를 오픈했는데, 당시 폐쇄에 항의하던 학생들에게 환영받았다. 한 플래카드는 '바우하우스를 애도하자. 미술대학을 지켜내자.'라고 했고 다른 내용으로는, '1968년, 바우하우스를 발굴하는 동안 미술대학을 묻었다.' 고도 했다.[4]

앞 페이지. 울름 디자인 스쿨
막스 빌 디자인, 1950-5

STUDIO 42/M2 TYPEWRITER

91

스튜디오 42/M2 타자기

올리베티를 위하여 루이지 피지니, 지노 폴리니, 한티 차빈스키가 디자인

1935

'타자기는 우아하고 동시에 진지한 모습을 가져야만 한다.'[1] 카밀로 올리베티는 1912년, 그의 타자기 생산 사업체를 세우고난 4년 후, 그렇게 말했다. 올리베티의 디자인은 전후에 평판을 얻었지만, 1932년 첫 번째 포터블 타자기와 같은 혁신으로 이미 유명해져 있었다.

이전의 학생이자 이후 선생으로서, 한티 차빈스키는 바우하우스의 아이디어를 널리 퍼트린 사람들 중 하나이다. 1933년 독일을 떠난 후, 밀라노에서 광고 스튜디오에서 일하면서, 일리 커피와 친자노와 같은 회사들을 위해 디자인했다. 그는 또한 올리베티를 위한 포스터와 광고를 제작했다. 또한 스튜디오 32 모델 타자기를 공동디자인했다. 그것은 M2로 알려진 제품이었다. 이 디자인은 올리베티의 첫 번째 세미스탠다드 타자기였다. 제품은 대중들과 개인을 위해 디자인되었다. 기계 공학자들만이 디자인하지 않은 첫 번째 제품이 될 수 있었다. 검정색 제품에 더해서, 당시에는 일반적이지 않았던, 레드, 그레이, 브라운, 밝은 블루 제품도 가능했다.
타자기의 이미지는 점점 쉽게 평범한 오브제가 되어갔다. 헤르베르트 리드가 그의 영향력 있는 1934년의 책, '*예술과 산업*'에서 썼듯이, '타자기를 위한 오직 최근의 혹은 두 새로운 디자인만이 형태적으로 그리고 이전의 모델들보다 외관상으로, 영원히 더 나은 것으로 발전되었다.'[2]

그의 언급은 다가오는 수십 년간 더욱 당연한 것이 되었다. 이후에, 올리베티는 마르첼로 니촐리를 디자인 고문으로 고용하여 그들의 디자인 평판을 확립했다. 그동안, 차빈스키는 미국의 **블랙 마운틴 칼리지**의 **요제프 알베르스**에 합류했다. 올리베티는 1952년 MoMA의 전시로 존경받을 때, 카탈로그는 알베르스를 전통에 의하여 속박되지 않는 디자이너로 적었다. 그는 상투적인 문구를 무시했고 넘어섰다.[3] '바우하우스의 교육을 찬양하여 옹호하라.'

88

47

세기 중반의 올리베티

마르첼로 니촐리는 1940년대에서 60년대까지 올리베티 디자인을 이끌었다. 올리베티는 자동차 디자인에 일어났던 것과 동일한 흐름을 타자기에 적용하였고 타자기를 호감이 가는 소비재로 변화시켰다. 그들의 포터블 레터라 22 제품은 1950년대 가장 영향력 있는 타자기였다. 기업은 인상적인 전문가들과 작업했다. 광고와 인테리어 디자인 그리고 그들의 제품 디자인을 서로 크로스 디자인을 했다. 그 안에는 **헤르베르트 바이엘**, 루이스 칸, 르 꼬르뷔제도 포함되었다. 훌륭하게 보여지는 제품을 생산하는 것은 물론, 올리베티의 사업에는 사회적 기반이 있었다. 회사는 그 고용인들에게 그들의 근거지였던 토리노 인근 이브레아 주변에, 낮은 비용의 주택단지, 육아, 의료, 많은 다른 편의 시설들을 제공했다.

58

앞 페이지. 올리베티 42/M2 타자기 루이지 피지니, 지노 폴리니와 한티 차빈스키 디자인, 1935

THE 'WHITE CITY'

TEL AVIV

92

'화이트 시티', 텔아비브

1931–48

이전 데사우 바우하우스 설립시 교장, 필립 오스발트에 따르면, '텔아비브는 독일 밖 다른 어떠한 도시보다도 더욱 밀접하게 바우하우스의 이름과 연결되었다.' 그는 계속해서, '이 신화는 역사적인 시각으로 세워지지는 않는다.'[1]

20세기 초반, 팔레스타인의 영국령에 있는 야파 외곽에 세워진, 텔아비브는 내전기간 중에 주로 유태계 거주민에 의하여 발전되었다. 1931–48 사이에, 추정하기에는 3,700여개의 흔히 말하는 바우하우스스타일 건물이 세워졌다. 주거단지는 현대 건축으로부터의 모티브를 혼합하여 사용했다. 많은 건축물은 필로티로 올리고 그림자와 환기를 위하여 브리이즈 솔레일을 결합시키고 있어 르 꼬르뷔제의 영향을 보여준다. 평지붕, 곡선을 돌린 코너, 발코니, 빛나는 계단실은 외관적 특징을 규정한다. 구축은 주로 철근 콘크리트로 이루어졌는데, 빠르게 성장하는 도시를 위한 싸고 빠른 주거단지를 제공할 수 있는 해답을 제공했다.

바우하우스스타일이란 용어가 왜 사용되었는가는 분명하지 않다. 9명의 이전 바우하우스 건축의 학생들이 팔레스타인으로 들어왔거나 이주해왔다. 그 가운데는 아리에 샤론도 있었다. 그는 후에 이스라엘의 국가계획부의 수장이 되었다. 그러나 바우하우스 스타일의 건축가는 그 당시에 실무를 하던 470여명의 건축가들 중 단지 9명에 불과했다. 샤론이 논평하기를, '바우하우스는 어떠한 개념도 통일된 상황도 아니었다.'[2] 샤론의 공헌은 바우하우스 스타일의 저층 아파트먼트 빌딩과는 다른 것이었다. **한네스 마이어**의 학생으로서 그는 공공 빌딩을 디자인하고 노동자들의 주택 단지를 기능적인 스타일로 디자인했다. 62

'화이트 시티'의 신화화는 1980년대 시작되었다. 그러나 건축가 샤론 로트바드는 주장했다. 텔아비브의 이야기는 그 아랍-팔레스타인 대치관계에서 야파를 제외하고 이야기할 수 없다. 텔아비브를 현대적이고, 질서 있는, 정상적인, 청결한 화이트 시티를 세우는데, 야파는 상대적인 이미지를 형성하고 있었다. 더럽고, 범죄가 많고, 종교적인 그리고 '블랙' 시티였다.[3]

앞 페이지. 건축 디테일, 텔아비브

The Triadic Ballet

93

삼부작 발레

오스카 슐레머

1922

17 그의 일생동안, 오스카 슐레머의 삼부작 발레는 아주 조금 볼 수 있었다. 1932년까지 연극은 1,000 명 내외의 청중들만이 볼 수 있었다. 그러나 이 공연은 바우하우스가 끝난 이후 자신의 새로운 생명력을 얻었다. 그 아홉 개의 복장은 1938년 뉴욕 바우하우스 전시에 디스플레이되었다. 방문객들은 그 복장들이 움직이면 어떠한 모습일지 궁금해 했다. 댄서들의 원래 동작들은 더 이상 알려지지 않고 있지만, 파울 힌데미트의 8분간의 악보는 남았다. 발레는 20세기 후반 그리고 그 이후에 정기적으로 재연되었다.

아마도 슐레머 자신은 의상에서부터 중요한 작업들을 준비했던 공연을 재연할 때, 감회가 새로왔을 것이다. 우선 작은 피규어 혹은 의상들을 만들고 그리고 음악을 만들고 최종적으로 동작을 만들었다. 와이어, 목재, 종이 반죽을 포함한 여러 재료들로 만들어진 의상들은 인간적 형상으로부터 벗어나 거의 인식할 수 없었다. 반면에 다른 아이템들, 원판 발레치마는 전통을 다시 발견한 것이다. 동시에, 신체를 감추거나 제한함으로써 신체에 대한 관심을 불러왔다. 슐레머의 말에 따르면, ‘외관상으로 침해된 신체는, 의상과 혼합될수록, 춤의 새로운 표현 형식을 완성했다.’[1]

슐레머가 설명하였던, 개념은 3인조 즉, 3가지 음색의 화음으로부터 얻어진다. 발레는 3가지 형식으로 존재했다.[2] 댄스는 3명의 무용수에 의해 실현된다. 그리고 3개의 부분으로 나뉘어졌다. 각각은 서로 다른 색상, 옐로우, 핑크, 블랙에 의하여 통제되었다. 각각은 서로 다른 감정을 자극했는데, 유머러스한 것으로부터 진지한 것으로 발전했다.[3]

슐레머는 먼저 1922년 슈투트가르트에서, 그의 댄서, 알베르트 버거, 엘사 호첼과 함께 **삼부작 발레**를 공연했다. 특별히 21
1923년, 바우하우스 전시동안에, 다음해부터 공연된 짧은 버전이 시연되었다. 비록 공연은 사라졌으나, 사진학적 실험에 소품으로서 혹은 전시회에 전시된 의상들로서든지, 그 아이디어는 살아남았다.

앞 페이지. *삼부작 발레*를 위한 오스카 슐레머의 의상
베를린 공연 어른스트 슈나이더, 1926

사진

삼부작 발레 의상의 영향

슐레머는 존 케이지, 머스 커닝햄, 로리 앤더슨, 데이브드 번과 같은 작가들에 의하여 작업된 공연에서 언급되었다. 하나의 유명한 잘 알려진 순간은 ‘New Order’ 밴드를 위한 ‘True Faith’ 비디오였다. 이 영상은 필립 드쿠플레에 의하여 감독되고 안무되었는데, 특징적인 주인공들이 삼부작 발레적인 의상들을 입고 연기하고 점프하고 싸운다. 비슷한 의상들이 도쿄 팝에서 데이비드 보위의 무대 의상으로 만들어졌다. 간사이 야마모토가 디자인 한 도쿄 팝 비닐 의상과 발레 사이에 연관관계가 있었다. 의상들은 톰 브라운을 포함한 디자이너들에 의하여 더 주류의 패션 디자인에서도 재연되었다. 톰 브라운은 그의 2013 컬렉션을 위하여 단단한 링의 드레스를 입은 발레 댄서들을 연출했다.

위. 광고 포스터
삼부작 발레
작가미상, 1930

포스터

FRANK HOUSE

94

프랭크 하우스

발터 그로피우스와 마르셀 브로이어

1939–40

80 아마도 **인터내셔널 스타일**[1]로
지어진 거대한 주거로서, 당시에
묘사되기를, 부유한 기업가를
1 위한 이 호화로운 집은 **발터**
42 **그로피우스**와 **마르셀 브로이어**의
건축 사무소에서 맡았다. 그리고
그들이 이전에 기여했던 사회적인
역할들과 거리가 생기면서, 몇몇
사람들에게 비판받기도 했다.
피츠버그의 기업가 로버트 프랭크와
그의 아내 세실리아에 의하여
3 의뢰된 이 집은 조머펠트의 ***종합***
예술을 연상시킨다. 모든 디테일은
서로 함께 고려되었다. 주택은 스틸
프레임을 가지고 있었고 블록과
지역에서 생산된 석재로 마감되었다.
그의 성, 프랭크의 이름을 딴
주택은 내부에 자연적 재료들이
함께 사용되었다. 또, 캔틸레버로
구조화된 계단실은 곡선으로 둘러져
주택의 외부를 연상시킨다. 계단실의
형상은 브로이어의 미국 작업의
기호가 되었다.

프랭크 하우스는 6개의 침실, 9
개의 욕실, 3개의 드레스룸, 2
개의 바, 온수가 나오는 내부
수영장, 게임룸 그리고 더 많은
편의시설들이 있었다. 그 범위는
그 실현의 과정에서 여러 배로
확장되었다. 브로이어는 특별히
인테리어를 위하여 적어도 가구의
90%를 제작했다. 의자에서부터
테이블까지 나무와 새로운 재료,
고분자 합성수지를 사용하여 형태를
만드는 방법들을 실험하였다. 집안
편의시설은 공기 정화시스템, 내부
폰, 수영장 물을 사용하는 난방
시스템도 포함되었다. **조머펠트** 10
하우스에서 그러했듯이, 의뢰자
개인의 생산품도 포함되었다. 피뢰침
시스템은 프랭크의 구리 피복
철물을 사용하였다.

당시에 그리고 현재에서 이
주택은 뒤섞인 환영을 받는다.
누군가는 브로이어의 개성적인
레스토랑과는 대조되는 화려한
장식을 비판하였다.[2] MoMA의
건축과 디자인부분 수석 큐레이터,
배리 버그돌과 같은 다른 이들은,
프랭크 하우스를 건축, 설비,
랜드스케이프[3]의 통합으로 이루어
낸 역작을 실현한 것으로 묘사했다.
그로피우스와 브로이어 파트너십은
1931년 끝이 났다.

앞 페이지. 프랭크 하우스
발터 그로피우스와 마르셀 브로이어
1939-40

KITCHEN CLOCK WITH TIMER

95

타이머가 있는 주방 시계

융한스를 위한 막스 빌의 디자인

1956

'나는 시간 개념에 약점이 있다.' 주방 시계의 기원을 설명하는 글에서 막스 빌은 고백했다. 그리고 융한스를 위한 이후 디자인을 설명했다.[1] 바우하우스에서 교육받은 빌은 이후 공동 설립자가 되었다. 그리고 많은 사람들이 바우하우스의
90 계승자로 보았던 **울름 디자인 스쿨**의 교장이 되었다. 융한스와 이러한 공동 작업은 기업가들과 학교의 관계들 중 하나를 대변한다. 또한 브라운과의 관계도 잘 알려져 있다.

융한스에 의하여 의뢰를 받을 당시, 빌은 그의 관심사를 표현했다. 또한 그는 당시 유행에 이끌리고 싶지 않았다. 그는 시간을 잊지 않고 생활할 수 있는 것으로 패션이 제거된 디자인을 창조하고자 했다.[2] 이 주방 시계는 그의 첫 번째 개요에 대한 해답이었다. 기계장치는 이미 있었고, 타이머도 이미 존재했다. 그러나 그것으로부터 얼마간 새로운 것이 창조되어야만 했다.[3] 빌의 해답은 이러한 눈물모양의 디자인이었다. 잘 보이는 검은 숫자로 쓰여진, 큰 시계는 위쪽에 자리 잡았다. 이 시계는 그 이후에 디자인과는 대조적이다. 그 이유는, 이 시계는 주방에서만 유일하게 사용하는 시계로 보여질 수 있기 때문이었다. 그러나 학생들을 가르치는데 시간을 알려주기 위해 사용되기도 했다. 두 번째로, 타이머의 작은 다이얼은 큰 시계 아래에 배치했다. 5분씩의 간격으로 0에서 60까지의 눈금이 그려져 있다. 주방의 그릇과 같이 밝고 경쾌한 모습의 도기로 된 몸체를 만들 것을 요구하였고,[4] 빌은 흰색 다이얼과 흰색 금속 배젤과 보완적인 상쾌한 밝은 블루의 색을 선택하였다.

빌은 지속적으로 더 많은 시계와 손목시계를 융한스를 위하여 디자인했다. 그러나 이러한 초기 디자인은 일상의 오브제에서 훌륭한 디자인을 위한 그의 열망을 실체화하였다. 그 자신의 결정으로 빌은 시계류와 같은 작은 물건들에 집중하고자 했다. 그가 언급한 바와 같이, '나는 삶에서 너무나 많은 것들이 이러한 작은 것들에 의존한다고 믿었다.'[5]

앞 페이지. 게브뤼더 융한스 주식회사 AG를 위한 타이머가 있는 주방 시계
막스 빌, 1956

The **Seagram Building**

96

시그램 빌딩

루드비히 미스 반 데어 로에와 필립 존슨

1954–8

뉴욕 15번가에 157m 높이로 서있는, 이 건물은 바우하우스 아이디어의 확장을 가장 시각적으로
75 대변한다. **루드비히 미스 반 데어 로에**가 학교를 닫은 후 25 년 후 완성되었다. 시그램 빌딩은 바우하우스의 미학을 매혹적인 기업의 모더니즘으로 재생산했다.

초고층 빌딩은 유리와 브론즈의 강력한 아름다움을 위하여, 시그램 증류주 공장을 위하여 디자인된, 전통적인 석재와 블록을 포기하였다. 필리스 램버트, 시그램의 대표이사의 딸은 아버지에게 애원하여 자신이 살고 있는 사회에서 최고를 표현하는 건축을 의뢰하도록 하였다. 동시에 이 사회의 향상을 위한 희망을 표현하고자 하였다.[1] 그녀의 노력은 건물을 그러한 유형의 모범을 만들게 도왔다.

비록 외관은 바우하우스 이론을 효과적으로 제시하였으나, 그것은 하나의 매혹적인 환상이다. 콘크리트로 덮은 강철 프레임은 시선으로부터 감추어져있다. 반면 건물 아래로 달리고 있는 브론즈 빔은 기능이 없다. 로비의 벽체를 위해 사용된 대리석에서부터 핑크 화강암 플라자는 특별하고 잘 조정된 화려함을 전달한다. 심지어 창의 블라인드는 특별히 디자인되었고 세 가지 방식으로 작동했는데, 미학적으로 만족스러운 위치에 설치되었다. 공사비용이 4 천만 달러에 육박하였고, 건물이 완공되자, 세계에서 가장 비싼 상업적인 건물이 되었다.

주변 거리를 종이 모델로 만들어, 미스는 건물이 가진 효과를 고려하였다. 대지의 전체 공간을 사용하기 보다는, 공공 공간으로서, 그는 공용 플라자를 도입했다. 초고층 빌딩의 바다에서, 이러한 인간적인 유예공간은 이후 수년간 도시 공간에 관한 논의에서 어마어마한 영향을 끼쳤다. 그가 말했듯이, '우리는 정글에서 살아야 한다는 의미를 생각해야만 한다. 그리고 아마도 우리는 그것 때문에 잘 살 수 있다.'[2] 시그램 빌딩 덕분에, 바우하우스 건축의 미학은 세계 어디에서도 발견할 수 있다. 그 미학은 종종 매우 훌륭하게 성취되었다. 더 자주, 어리석은 예측을 통해 슬픈 결과가 나오기도 했다.

영화에서의 시그램 빌딩

뉴욕 시의 랜드마크로서, 시그램 빌딩의 브론즈 라인들은 그들 나름의 겉모습으로 실버 스크린 위에 여러 차례 나타났다. 고통스러운 장면에서부터 아주 못마땅한 모습으로도 나왔다. 랜드마크에 관한 1979년 사회적 다큐멘터리, '*작은 도시 공간의 사회적 삶*'을 만들게도 했다. 이 다큐멘터리는 시그램 빌딩 플라자의 활용을 탐구했다. 비슷한 플라자가 영화, '티파니에서 아침을'에서 홀리와 폴이 대화했던 사이트 중 하나에도 나왔다. 영화는 시그램 빌딩이 완공된 이후 3 년이 지나서 개봉했다.

앞 페이지 그리고 위. 시그램 빌딩 루드비히 미스 반 데어 로에, 1954-8

OF **COLOUR**

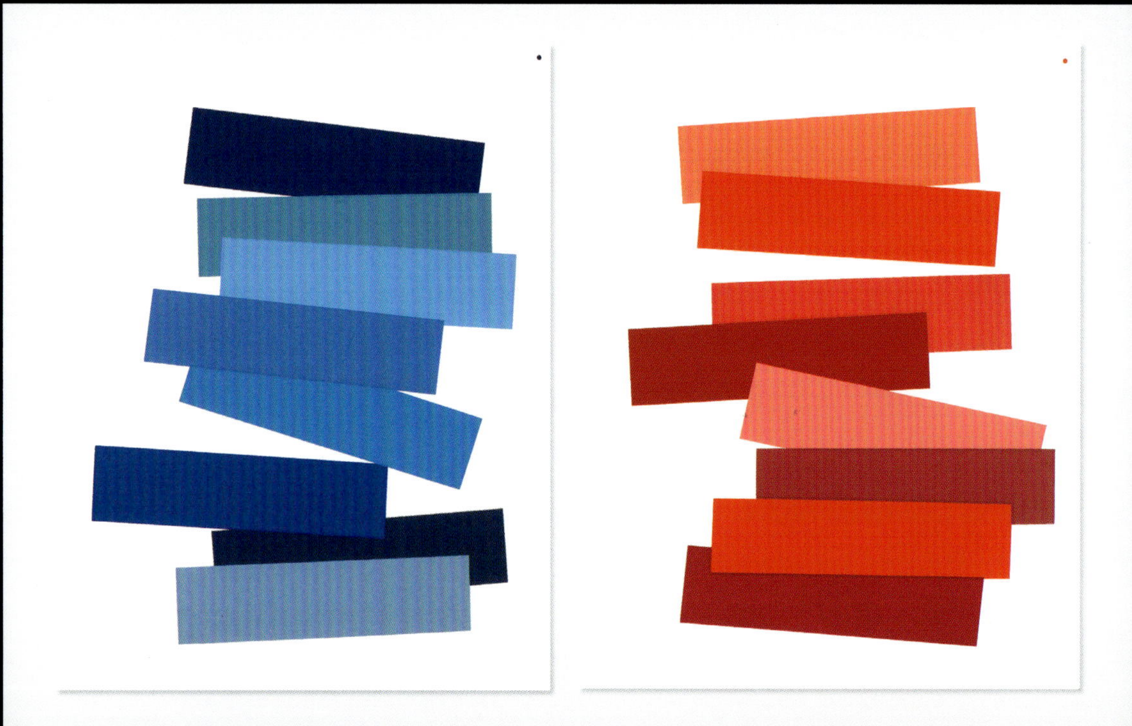

97

색채의 상호작용

요제프 알베르스

1963

색채의 현혹, 색채의 유혹, 색채는
47 끊임없이 변화한다. **요제프 알베르스**를 포함하여, 모든 예술가들은 자신의 색채 능력을 발전시켰다. 그의 색채에 대한 교육은 유명했다. 알베르스는 또한 '사각형에 대한 경의'와 같은 작업에서, 그의 개인적인 작업들을 탐색하였다. 그 작업은 1,000여개 이상의 관련 작품이 만들어졌다.

책, '*색채의 상호작용*'은 그의 연구 결과를 표현했다. 그러나 그것은 학술적으로 연구라고 부르는 것은 아니었다.[1] 책은 작업을 위한 일련의 실습들로 구성되었다. 아마도 학생들이 알베르스의 수업 중 하나에서 작업한 결과일 것이다. 색종이들을 사용한 실험들이 활용되었다. 학생이었던 하네스 베크만에 의하여 묘사된 바에 따르면, 학생들은 투명도 효과, 광학적 혼합, 진동 그리고 다른 기본적인 색채 현상을 탐구했다. 그 과정들은 감수성과 색채의 기억을 발전시켰다.[2] 첫 번째 에디션은 2,000부가 프린트되었다. 오늘날 수천달러를 벌어들었다. 책은 80여장의 손으로 제작한 스크린 인쇄가 포함되어 화려하게 제작되었다. 다행스럽게도, 책은 곧 적절한 양장본으로 출판되었다. 결과적으로 수많은 다른 언어로 출판되었고 이제 앱 app으로까지 만들어졌다.

그의 헌신으로, 알베르스는 시각화하는 것과 새로운 문제와 해답 그리고 새로운 표현을 발견하는데 그의 학생들의 도움을 인정했다.[3] 알베르스의 직접적인 효과의 색상환에서 보여주는 것과 같이, 예술가 리처드 세라는 그의 조력자였다. 그리고 에바 헤세는 많은 도판들을 제공했다. 그러나, 색채의 상호작용은 야심찬 결론으로서 표현되지는 않았다. 알베르스는 믿었다. '색채에는 어떠한 결론도 없다.'[4]

앞 페이지. *색채의 상호작용*의 한 페이지
요제프 알베르스, 1963
스크린 인쇄

O W A I G
N E V N

98

직조

아니 알베르스

1965

위. 블랙 마운틴 칼리지의 직조 스튜디오에서 아니 알베르스
헬렌 포스트, 1937
사진

바우하우스를 떠나서 30년이 넘게 쓴, '직조'는 텍스타일의 교육과 훈련에 수십년간 영향을 끼쳤다. 100장 이상의 이미지들을
48 사용하여, **아니 알베르스**는 수년간의 교육을 통해 수집한 지혜를 공유했다. 그것은 동시대의 관심은 물론 역사적이고 세계적인 사례들을 포함했다.

책, '*직조*'는 그가 강조하듯이, '직조사와 직조사가 되고자 하는 사람들을 위한 안내서'가 아니었다.[1] 그러나 텍스타일의 문제들을 수용하는 다른 영역들에서 작업하는 모든 사람들 위한 것이다. 기술과 기술적인 도표들의 묘사는 더 넓은 범위의 조언들을 수록했다. 특별히 강조한 것은 촉각적 감수성에 근거했다.[2] 그 책은 알베르스가
5 ***보르쿠스***에서 실험했던 교육으로 돌아가는 연결점이었다. 그녀는 통탄했다. 그러한 활용에도 불구하고, 촉각은 공간적 혹은 색상의 관심과 같이 중요한 것이었음에도, 현대의 산업은 촉각의 감각을 무시했다. 독자들은 이끼, 나무껍질, 꽃대 그리고 나무와 금속의 부스러기를 사용하도록 장려되었다. 섬유로 보이는 모습을 만들기 위하여 부드러운 종이 조각을 긁거나, 찢거나 꼬기와 같은 실험을 하도록 유도했고 솜털 같은 씨앗을 사용하여 보송보송한 울의 겉모습을 얻기 위하여 시도했다.[3]

1960년대 쓰여졌으나, 그녀는 계산된 진부한 작품에 화를 낼만큼, 놀라우리만큼 선견지명이 있었다.[4] 디자이너는 영원히 변치 않는 형태를 찾아야 하고 더 긴 안목을 가져야 한다. 그점은 그녀가 주장하기에, 유행을 따르거나, 성공을 쫓는 화려함 이상으로 중요했다. 그녀의 초기 책 '*디자인에 관하여*'의 첫 번째 에디션의 표지가, 알베르스를 '동시대 텍스타일 디자인의 양심' 으로 묘사한 것은 전혀 놀랄 일이 아니다.[5]

앞 페이지. *직조*의 한 페이지
아니 알베르스, 1965
다이어그램

Bauhaus type

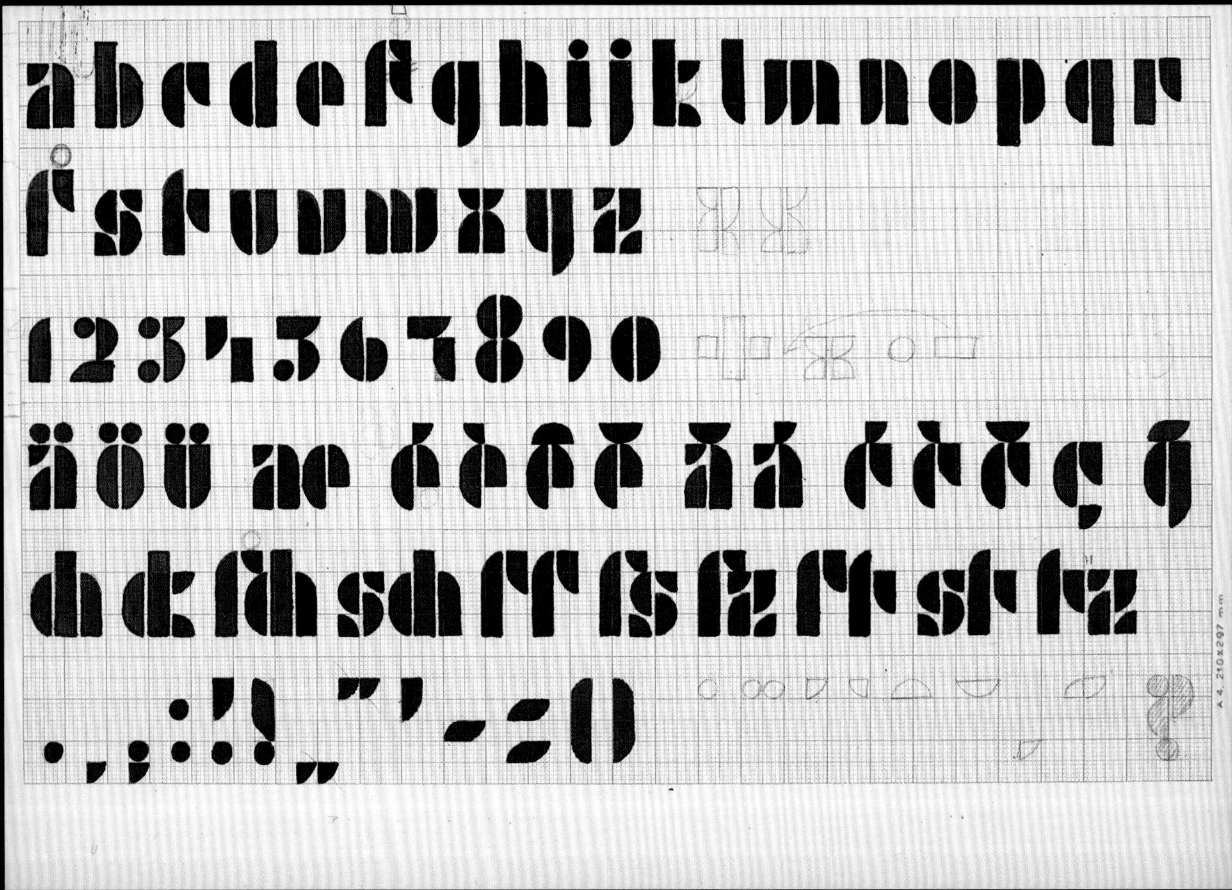

99

바우하우스 활자

상업적으로 생산된 것은 아니지만, 58 **헤르베르트 바이엘**의 **유니버설** 59 **바이엘** 활자는 20세기의 많은 활자체를 자극했다. Blippo(1969년 최종적으로 바우하우스 93으로 채택되었다.), ITC Ronda (1970), Pump (1975)와 같은 활자는 다른 유명한 사례, 1975's 'ITC Bauhaus'와 마찬가지로, 바이엘에 큰 빚을 졌다. ITC Bauhaus의 이름만으로도 의심할 바 없이 도움을 받았음이 틀림이 없다.

디자이너, 에드 벤귀아트에 의하면, 활자체는 체중감량 브랜드 메트르칼을 위한 브랜드 작업으로부터 발전했다. 결과적으로 빅토르 카루소에 의하여 널리 적용되었다. 많은 요소들은 눈에 띄는 'x', 뒤집어 쓸 수 있는 'm', 'w'와 같이, 바이엘의 유니버설 활자체를 연상시킨다. 'b'와 'p'와 같은 글자의 열린 듯한 스트로크와 대분자는 익숙한 형태가 아니다. 반면, ITC Bauhaus는 그 단순함, 스트로크로 존경받았다.[1] 다른 이들은, 데사우의 바우하우스스트라세 거리의 메디칼 센터를 위한 안내표지에 사용된 것과 같이, 활자를 바우하우스와 연관된 주제들에 사용된 성의가 없어 보이는 기본형 때문에 비판받았다. 그 안내 활자는 바우하우스 건물로 가는 길에 있다.

또 다른 변형이 주조공장의 아키타입 바이엘로 나타났다. 1997년, 내전 기간 중 예술가와 디자이너의 작업으로부터 주로 쓰였던 '아키타입 유니버셜' 컬렉션에 제작 추가되었다.[2] 오리지널과 마찬가지로, 대문자 활자는 없었으나 숫자와 구두점이 추가되었다. 컬렉션은 또한 막스 빌에 의하여 영향 받은 활자체를 포함했다. 아키타입 바이엘 활자는 바이엘이 1931년 정리한 활자체에 근거한다. 주조공장의 다음 활자, 아키타입 컨스트럭션 컬렉션에는 아키타입 알베르스가 포함되었다. 이 활자는 **요제프 알베르스**의 1926년 작업한, 47 바우하우스와 깊게 연관되어 있는 **기하학들, 사각형, 삼각형과 원**을 28 떠올리게 한다.
주조 공장의 데이비드 키와 프레다 색은 이러한 활자체가, 그래픽 분야에서 모더니즘의 재평가를[3] 독려하도록 기대했다. 오늘 날, 초기의 재해석 작품이었던 바우하우스 활자가 더 자주 사용되었다. 그러한 사실은, 활자가 1920년대보다도 70년대를 떠올리는데 더 유용하기 때문이다.

위. 아이티씨 바우하우스 타입(1975)
데사우에서 사용
프란시스 엠블러, 2017
사진

앞페이지. 유니버설 활자체의 디자인
요제프 알베르스, 1926
디자인

THE **'WHITE GODS'**

100

백색의 신

톰 울프

1981

1981년 책, '*바우하우스에서 우리 주거로*'에서, 톰 울프는 '백색의 신'[1] 이라는 어휘를 만들었다. 이 어휘는
42 **마르셀 브로이어**, **요제프 알베르스**,
47 37 **라즐로 모홀리 나기**, **베르베르트
58 75 바이엘**, **루드비히 미스 반 데어
로에**와 '은색 왕자'[2]를 묘사하는데 사용되었다. 은색 왕자는 클레에
1 의하여 최초로 사용되었고 **발터
그로피우스**를 의미했다. 그리고 그들이 미국의 포스트 바우하우스에 도착하면서 얻은 거의 산화적인 지위를 설명하는데 사용했다.

그 책은 출간되자, 비평가들에 의하여 광범위하게 비판받았다. 주로 울프의 건축적인 지식의 부족 때문이었다. 책은 간략하고 매우 흥미위주로 읽혀졌다. 그로피우스와 그 밖의 아티스트들은 그들의 일생동안 바우하우스의 유산을 대중적으로 인식하도록 시도하였다. 이 책은 신화의 형성과 연관된 사실들을 질문하는데 접근 가능한 방식을 제공했다. 울프는 많은 미국인들이 바우하우스 스타일의 유리 박스에서 살거나 작업한다고 지적했다. 그러나 그들 중 얼마나 많은 사람들이 실제로 건물을 좋아하는지 질문했다. 울프는 또 그들의 추종자들인 건축가들의 증가를 탐색했다. 미스와 같은 건축가들은 불황의 시기에도,
일리노이 공과대학 캠퍼스와 같은 89
디자인을 위한 자금을 받고 있었다.

울프는 비판의 목소리를 낸 첫 번째 작가와는 거리가 멀다. 그러나 그의 책은 베스트셀러가 되었고 미국의 대중들의 마음을 울렸다. 알베르스의
보르쿠스 색채 교육부터 미스의 5
시그램 빌딩에 이르기까지 친근하게 96
비아냥거리면서, 바우하우스의 가장 영향력 있는 측면들의 많은 부분을 보여주는 즐거움을 주었다. 그 가운데, 울프의 책은 우리 시대를 위한 교육을 제공했다. 예를 들면, 생각 없이 복제되는 창고 건축에 관한 언급도 있었다. 오늘날 '스타키텍트'로 잘 알려진 건축의 확대, 그리고 성실한 부부로서 여전히 인식되는 인물들, 다소간 의무적으로 보이는 그들의 헌신으로 탄생한, 미스 반 데어 로에가 디자인 한, 바르셀로나 체어도 소개되었다. 그의 책은 그들의 영향에도 불구하고, 혹은 그들의 영향 때문이겠지만, 모든 미국의 건축 작품이 백색의 신들에게 종속된 것은 아니었다는 것을 상기시켰다.

앞 페이지. 시카고 바우하우스의 계단에서 그로피우스와 모홀리 나기
작가미상, 1938
사진

미주

Introduction

[1] L Moholy-Nagy, *The New Vision 1928* (4th edn), New York: George Wittenborn, 1946, p.17

1

The Bauhaus in Weimar, 1919–25

[1] Quoted in H M Wingler, *The Bauhaus: Weimar, Dessau, Berlin, Chicago*, Cambridge, Mass./London: M.I.T. Press, 1969, p.31

1
Walter Gropius

1 Quoted in C Wilk (ed.), *Modernism: Designing a New World 1914–1939*, London: V&A Publications, 2006, p.11

2
The founding of the Bauhaus

[1] W Gropius, *New Architecture and the Bauhaus* (rev. edn), tr. P Morton Shand, London: Faber & Faber, 1965, p.48
[2] Quoted in N Fox Weber, *The Bauhaus Group*, New York: Alfred A. Knopf, 2009, p.31
[3] Gropius, *New Architecture and the Bauhaus*, p.51
[4] B Adler, 'Weimar in those days…', in E Neumann (ed.), *Bauhaus and Bauhaus People: personal opinions and recollections of former Bauhaus members and their contemporaries* (rev. edn), tr. E Richter and A Lorman, New York: Van Nostrand Reinhold; London: Chapman and Hall, 1993, p.25

3
Gesamtkunstwerk

[1] Quoted in Wingler, 1969, p.31

4
Johannes Itten

[1] B Adler, 'Weimar in those days…', in Neumann, 1993, p.25
[2] J Itten, *Design and Form: the basic course at the Bauhaus* (3rd edn), London: Thames & Hudson, 1967, p.11
[3] P Citroen, 'Mazdaznan at the Bauhaus', in Neumann, 1993, p.46
[4] Itten, Design and Form, p.7
[5] G Pap, 'Liberal Weimar', in Neumann, 1993, p.76

5
The *Vorkurs*

[1] H Beckmann, 'Formative Years', in E Neumann (ed.), *Bauhaus and Bauhaus People: personal opinions and recollections of former Bauhaus members and their contemporaries*, New York: Van Nostrand Reinhold, 1970, p.197
[2] Quoted in U Herrmann, 'Practice, Program, Rationale: Johannes Itten and the Preliminary Course at the Weimar Bauhaus', in *Bauhaus: a conceptual model*, Ostfildern; Hatje Cantz, 2009, p.68
[3] G Pap, 'Liberal Weimar', in Neumann, 1970, p.76
[4] Wilk, Modernism: *Designing a New World 1914–1939*, p.210
[5] A Salama, *New Trends in Architectural Education: Designing the Design Studio*, Raleigh: Tailored Text and Unlimited Potential Publishing,1995, p.55

6
The workshops

[1] Gropius, *New Architecture and the Bauhaus*, p.75
[2] Ibid.
[3] Ibid., p.53

7
The Bauhaus manifesto

[1] Quoted in Wingler, 1969, p.31
[2] Ibid.
[3] Ibid.
[4] Quoted in G Naylor, *The Bauhaus*, London: Studio Vista, 1968, p.9
[5] Wingler, 1969, p.31

8
Star Manikin

[1] M Siebenbrodt (ed.), *Bauhaus Weimar: Designs for the Future*, Ostfildern-Ruit: Hatje Cantz, 2000, p.19
[2] Quoted in 'Design for the Bauhaus Signet (Star Manikin)', www.bauhaus100.de/en/past/works/graphics-typography/bauhaussignet-sternenmaennchen/index.html <(accessed 27 January 2018)>

9
'Our Play – Our Party – Our Work'

[1] Quoted in M Droste, *Bauhaus 1919–1933*, tr. K Williams, Köln: Taschen, 1990, p.37

10
Sommerfeld House

[1] Quoted in W Nerdinger, *Walter Gropius*, tr. Andreas Solbach and Busch-Reisinger Museum, Berlin: Mann, 1985, p.44
[2] B Bergdoll and L Dickerman (eds), Bauhaus 1919–1933: *Workshops for Modernity*, New York: Museum of Modern Art, 2009, p.44

11
Shard pictures

[1] Quoted in B Danilowitz, '"Quite Charming, if a bit brutal'. Josef Albers's Glass Assemblage', in *Bauhaus: a conceptual model*, p.94

12
African Chair

[1] Wilk, *Modernism: Designing a New World 1914–1939*, p.226

13
Bauhaus prints: *New European Graphics*

[1] Quoted in K Weber, 'The Artists of Our Time: New European Graphics', in *Bauhaus: a conceptual model*, p.86
[2] Ibid.
[3] Ibid., p.87
[4] Quoted in J Fiedler and P Feierabend (eds), *Bauhaus*, Köln: H.F. Ullmann, 2006, p.272

14
Paul Klee

[1] A Temkin, 'Klee, Paul', Grove Art Online, https://doi-org.ezproxy2.londonlibrary.co.uk/10.1093/gao/9781884446054.article.T046818 <2003, updated bibliography 28 May 2015 (accessed 16 January 2018)>
[2] Quoted in C Hopfengart, 'Poetry and Thoroughness: Paul Klee's Teachings at the Bauhaus', in *Bauhaus: a conceptual model*, p.220
[3] Quoted in N Fox Weber, *The Bauhaus Group: Six Masters of Modernism*, New Haven, Conn.; London: Yale University Press, 2011, p.334
[4] 'Entartete Kunst', www.vam.ac.uk/content/articles/e/entartete-kunst <(accessed 8 February 2018)>

15
Bauhaus colour theories

[1] Quoted in 'Klee, Paul', Benezit Dictionary of Artists, https://doi-org.ezproxy2.londonlibrary.co.uk/10.1093/benz/9780199773787.article.B00099220 <31 October 2011; updated 28 May 2015; updated 9 July 2012 (accessed 16 January 2018)>
[2] Quoted in O K Werckmeister, *The Making of Paul Klee's Career, 1914–1920*, Chicago/London: The University of Chicago Press, 1984, p.253
[3] J Itten, *The Art of Colour*, New York: Van Nostrand Reinhold, 1973, p.34
[4] Quoted in Fiedler and Feierabend, *Bauhaus*, p.232

16
The ceramics workshop

[1] Quoted in K Weber, 'Die keramische Werkstatt' in P Hahn, M Droste, J Fiedler, *Experiment Bauhaus: Das Bauhaus-Archiv Berlin (west) Zu Gast Im Bauhaus* Dessau, Berlin; Kupfergraben Verlagsgesellschaft, 1988, p.58
[2] Quoted in Droste, *Bauhaus*, 1990, p.70
[3] Ibid.
[4] Quoted in H Kittel, 'From Bauhaus Pottery to Laboratory for Industrial Product Development', in *Bauhaus: a conceptual model*,

p.159
[5] Quoted in K Weber, 'Die keramische Werkstatt' in Hahn, Droste, Fiedler, *Experiment Bauhaus*, p.59

17
Oskar Schlemmer
[1] Quoted in T Blume, 'Figures in Artificial Space: Oskar Schlemmer's Grotesque Figure I' in *Bauhaus: a conceptual model*, p.134
[2] *Bauhaus: a conceptual model*, p.110
[3] Quoted in Droste, *Bauhaus*, 1990, p.91
[4] T Blume, 'Figures in Artificial Space: Oskar Schlemmer's Grotesque Figure I', in *Bauhaus: a conceptual model*, p.136

18
Design for the Bauhaus logo
[1] M Droste, 'The Head as a Successful Design: Oskar Schlemmer's Bauhaus Head', in *Bauhaus: a conceptual model*, 2009, p.218

19
Design for the Chicago Tribune Tower
[1] Quoted in B Lootsma, 'Equivocal Icon: The Competition Design for the Chicago Tribune Tower by Walter Gropius and Adolf Meyer', in *Bauhaus: a conceptual model*, p.113
[2] Quoted in Nerdinger, *Walter Gropius*, p.62
[3] K Solomonson, *The Chicago Tribune Tower Competition: skyscraper design and cultural change in the 1920s*, Cambridge: Cambridge University Press, 2001, p.296
[4] Lootsma, 'Equivocal Icon', in *Bauhaus: a conceptual model*, p.113
[5] Quoted in O Wainwright, 'Rocket ships, eagles and wedding cakes: the Chicago contest that led to a skyscraper explosion', www.theguardian.com/artanddesign/2017/sep/12/chicago-tribune-chicago-architecture-biennial-skyscraper-contest <12 September 2017 (accessed 08 January 2018)>

20
Slatted Chair
[1] Quoted in Fiedler and Feierabend, *Bauhaus*, p.405
[2] Ibid., p.406

21
The Bauhaus Exhibition
[1] S Giedion, 'Bauhaus week in Weimar, August 1923', in Neumann, 1993, p.84
[2] Quoted in P Rössler, 'Escape into the Public Sphere: The Exhibition as an Instrument of Self-Presentation at the Bauhaus', in *Bauhaus: a conceptual model*, 2009, p.339
[3] Wilk, *Modernism: Designing a New World 1914–1939*, p.109
[4] Quoted in Droste, *Bauhaus*, 1990, p.105
[5] E Lissner, 'Around the Bauhaus in 1923', in Neumann, 1993, p.111

22
Haus am Horn
[1] Quoted in K Wilhelm, 'Typing and Standardisation for a Modern Atrium House: The Haus Am Horn in Weimar', in *Bauhaus: a conceptual model*, p.150
[2] Quoted in M Droste, *Bauhaus 1919–1933: Reform and Avant-Garde*, tr. Maureen Roycroft Sommer, Köln: Taschen, 2006, p.55
[3] Quoted in F Whitford (ed.), *The Bauhaus: Masters and Students by Themselves*, London: Conran Octopus, 1992, p.156

24
Small Ship-Building Game
[1] Quoted in C Mehring, 'Alma Buscher "Ship Building toy"', in Bergdoll and Dickerman, p.156
[2] Quoted in U Müller, *Bauhaus Women: Art Handicraft, Design*, Paris: Flammarion, 2009, p.115
[3] Quoted in Droste, *Bauhaus*, 1990, p.92
[4] See 'Bauhaus Building Game', www.naefusa.com/shop/classic/bauhaus-building-game <(accessed 10 December 2017)>

25
'Art and technology – a new unity'
[1] Quoted in Wingler, 1969, p.76
[2] Ibid.
[3] Quoted in Naylor, *The Bauhaus*, p.93
[4] Quoted in F Whitford, *Bauhaus*, London: Thames & Hudson, 1984, p.132
[5] B Adler, 'Weimar in those days…', in Neumann, 1993, p.27

27
Wassily Kandinsky
1 C V Poling, *Kandinsky's Teaching at the Bauhaus*, New York: Rizzoli, 1986, p.18
[2] Quoted in U Westphal, *The Bauhaus*, London: Studio Edition, 1991, p.53

28
Circle, square, triangle
[1] Quoted in N Fox Weber, *The Bauhaus Group: Six Masters of Modernism*, 2011, p.225
[2] T Jacobsen, 'Kandinsky's questionnaire revisited: fundamental correspondence of basic colors and forms?', *Perceptual and Motor Skills*, Vol. 95, Issue 3, 2002, 903–13.
[3] L Albertazzi, O Da Pos, L Canal, M Micciolo, M Malfatti and M Vescovi, 'The hue of shapes', *Journal of Experimental Psychology: Human Perception and Performance*, 39, 2013, pp.37–47.
4 Ibid.

29
Chess Set
[1] P Bernhard, 'Constructivism and "Essence Research" in Design. The Bauhaus Chess Set', in *Bauhaus: a conceptual model*, p.189
[2] A Savage, '"All artists are not chess players – all chess players are artists" – Marcel Duchamp', Tate Etc, no. 12, www.tate.org.uk/context-comment/articles/all-artists-are-not-chess-players-all-chess-players-are-artists-marcel <Spring 2008 (accessed 8 June 2018)>

30
Gertrud Grunow
[1] Quoted in Müller, p.19
[2] Ibid., p.18
[3] Fiedler and Feierabend, *Bauhaus*, p.94
[4] Müller, p.19

31
Tea Infuser
[1] Whitford, *The Bauhaus: Masters and Students by Themselves*, p.174
[2] M Brandt, 'Letter to the Young Generation', 1966, published in Neumann, 1970, p.98

32
Bauhaus Lamp
[1] Quoted in B Manske (ed.), *Wilhelm Wagenfeld (1900–1990)*, Ostfildern/New York: Hatje Cantz, 2000, p.24
[2] Quoted in Bergdoll and Dickerman, p.138

33
Parties and festivals
[1] Quoted in M Valdivieso, '"Tell me how you celebrate, and I'll tell you who you are." (Oskar Schlemmer): Bauhaus Festivities in Dessau', in *Bauhaus: a conceptual model*, p.229
[2] O Schlemmer, quoted in Wilk, *Modernism: Designing a New World 1914–1939*, p.128
[3] M Brandt, 'Letter to the Young Generation', 1966, published in Neumann, 1970, p.101
[4] F Klee, 'My Memories of the Weimar Bauhaus', in Neumann, 1970, p.40
[5] Quoted in M Valdivieso, '"Tell me how you celebrate, and I'll tell you who you are." (Oskar Schlemmer): Bauhaus Festivities in Dessau', in *Bauhaus: a conceptual model*, p.232

34
Gunta Stölzl
[1] Quoted in S Worttmann Weltge, *Bauhaus Textiles: women artists and the weaving workshops*, London: Thames & Hudson, 1993, p.53
[2] Quoted in M Stadler and Y Aloni, *Gunta Stölzl Bauhaus Master*, New York: Museum of Modern Art, 2009, p.70
[3] Quoted in Müller, p.47
[4] G Stadler-Stölzl, 'Weaving at the Bauhaus', in Neumann, 1993, p.138

35
The Bauhaus band
[1] Quoted in M Trimingham, *The Theatre of the Bauhaus: The Modern and Postmodern Stage of Oskar Schlemmer*, London: Routledge, 2016, p. 128
[2] Fiedler and Feierabend, *Bauhaus*, p.148
[3] Ibid., p.145
[4] Ibid., p.148

2
The Bauhaus in Dessau, 1925–32
[1] L Moholy-Nagy, *Painting, Photography*, Film, tr. Janet Seligman, London: Lund Humphries, 1967, p.7

36
The Bauhaus buildings, Dessau
[1] H Beckmann, 'Formative Years', in Neumann, 1970, p.196
[2] Quoted in Wilk, *Modernism: Designing a New World 1914–1939*, p.195
[3] M Brandt, 'Letter to the Young Generation', in Neumann, 1970, p.100
[4] See www.bauhaus-dessau.de/en/service/sleeping-at-bauhaus.html for more information <(accessed 08 February 2018)>

37
László Moholy-Nagy
[1] Quoted in Whitford, *The Bauhaus: Masters and Students by Themselves*, pp.165–73
[2] Quoted in Droste, *Bauhaus* 1990, p.60
[3] Moholy-Nagy, *New Vision 1928*, p.15
[4] Droste, *Bauhaus*, 1990, p.60
[5] Moholy-Nagy, *New Vision 1928*, p.17

38
Lucia Moholy
[1] Müller, p.144
[2] Ibid., p.146
[3] 'From Bauhaus photographer to UNESCO commmissary', www.bauhaus100.de/en/present/20161004_Lucia-Moholys-englische-Jahre.html <(accessed 10 December 2017)>
[4] Müller, p.144

39
The 'New Vision': photography at the Bauhaus
[1] Moholy-Nagy, *Painting, Photography*, Film, p.7
[2] Ibid., p.28
[3] Quoted in Whitford, *The Bauhaus: Masters and Students by Themselves*, p.187
[4] L Warren, *Encyclopedia of Twentieth-Century Photography*, Vol. 2, New York/London: Routledge, 2006, p.1577

40
The founding of the company Bauhaus GmbH
[1] Quoted in Fiedler and Feierabend, p.414
[2] Ibid., p.214

42
Marcel Breuer
[1] A Cobbers, *Marcel Breuer 1902–1981: form giver of the twentieth century*, Köln: Taschen, 2007, p.7
[2] According to I Gropius, wife of Walter, quoted in C *Wilk, Marcel Breuer: Furniture and Interiors*, London: Architectural Press, 1981, p.37
[3] Quoted in Fiedler and Feierabend, p.327

43
Wassily Chair
[1] 'Club Chair B 3, 2nd Version', www.bauhaus100.de/en/past/works/design-classics/clubsessel-b-3-2-version <(accessed 29 January 2018)>
[2] K Watson-Smyth, 'Design: how the classic Wassily chair was inspired by a bicycle', www.ft.com/content/8cddc584-d910-11e2-a6cf-00144feab7de, 21 June 2013 <(accessed 08 February 2018)>
[3] Ibid.

44
Hinnerk Scheper
[1] L Scheper, 'Retrospective', in Neumann, 1993, p.125
[2] Ibid., p.123
[3] Quoted in Fiedler and Feierabend, p.461
[4] Quoted in M Markgraf, 'Function and Colour in the Bauhaus Building in Dessau' in *Bauhaus: a conceptual model*, p.197

45
The Bauhaus books
[1] Moholy-Nagy, *New Vision 1928*, p.10
[2] Quoted in F Illies, 'The Bauhaus Books as Aesthetic Program. The Avant-Garde in a Format of 23 x 18', in *Bauhaus: a conceptual model*, p.234
[3] Bergdoll and Dickerman, p.25
[4] L Moholy, *Marginalien zu Moholy-Nagy*, Krefeld: Scherpe, 1972, p.44
[5] Müller, p.145
[6] Visit https://monoskop.org/Bauhaus to access the Bauhaus books <(accessed 08 February 2018)>

46
'An active line on a walk, moving freely, without goal'
[1] C Giedion-Welcker, *Paul Klee*, tr. A Gode, London; Verona printed: Faber & Faber, 1952, p.158
[2] M Gayford, 'Close to the heart of creation', www.telegraph.co.uk/culture/art/3571654/Close-to-the-heart-of-creation.html, <12 January 2002 (accessed 22 January 2018)>

47
Josef Albers
[1] T Lux Feininger, 'The Bauhaus: evolution of an idea', in Neumann, 1970, p.180
[2] J Albers, 'Thirteen Years at the Bauhaus', in Neumann, 1970, p.171
[3] T Lux Feininger, 'The Bauhaus: evolution of an idea', in Neumann, 1970, p.180

48
Anni Albers
[1] Quoted in Müller, p.52
[2] Quoted in A Gotthardt, 'What You Need to Know About Bauhaus Master Anni Albers', www.artsy.net/article/artsy-editorial-bauhaus-master-anni-albers <11 October 2017 (accessed 10 December 2017)>
[3] Quoted in N Fox Weber and M Filler, *Josef + Anni Albers: designs for living*, London: Merrell, 2004, p.38
[4] S Funkenstein, 'Picturing Palucca at the Bauhaus', in S Manning and L Ruprecht (eds), *New German Dance Studies*, Urbana: University of Illinois Press, 2012, p.57
[5] Droste, Bauhaus, 2006, pp.28–9

49
Stacking Tables
[1] Quoted in Wilk, *Marcel Breuer: Furniture and Interiors*, p.67
[2] Ibid.
[3] See, for example, Bergdoll and Dickerman, p.52

51
Nesting Tables
[1] N Fox Weber conversation with Josef Albers, February 1975. Confirmed in email from Josef and Anni Albers Foundation, 22 March 2018

52
Competition design for the Petersschule
[1] Quoted in R Franklin, 'Radical Architecture for a Vital Youth: Hannes Meyer and

Hans Wittwer's Entry for the Petersschule Competition', in *Bauhaus: a conceptual model*, p.209
[2] Quoted in G Chantel, 'Purpose and allusion: Hannes Meyer and Hans Wittwer, Petersschule in Basel, 1926, and Bundesschule–ADGB in Bernau, 1928–30', *San Rocco*, 2013, pp.84–93.
[3] Franklin, 'Radical Architecture for a Vital Youth', in *Bauhaus: a conceptual model*, p.210

53
Dessau-Törten housing estate
[1] Quoted in A Schwabing, '"A New and Better World": The Dessau-Törten Housing Estate and the Rationalisation of Residential Development', in *Bauhaus: a conceptual model*, p.240
[2] Ibid., p.242

54
Theatre at the Bauhaus
[1] T Schlemmer, '…from the living bauhaus and its stage', 1962, in Neumann, 1993, p.168
[2] O Schlemmer in W Gropius and A S Wensinger (eds.), *The Theater of the Bauhaus*, tr. A S. Wensinger, Middleton, Conn.: Wesleyan University Press, 1961, pp.100–1
[3] T Schlemmer, '…from the living bauhaus and its stage', 1962, in Neumann, 1993, p.169
[4] Gropius and Wensinger, p.78
[5] Quoted in Droste, *Bauhaus*, 1990, p.102
[6] Bergdoll and Dickerman, p.334
[7] Quoted in I Conzen (ed.), *Oskar Schlemmer: Visions of a New World*, tr. B Opstelten, Michael Scuffil, Munich: Hirmer Publishers, 2014, p.203

55
The school of architecture
[1] Quoted in Wingler, 1969, p.31
[2] Quoted in Fiedler and Feierabend, p.560
[3] Ibid., p.564
[4] Ibid., p.567
[5] Quoted in Droste, *Bauhaus*, 1990, p.212
[6] L Moholy, 'Questions of interpretation', in Neumann, 1993, p.240

56
The 'Human being' course
1 Quoted in Droste, *Bauhaus*, 1990, p.186

58
Herbert Bayer
[1] A Rowland, *Bauhaus Source Book*, Oxford: Phaidon, 1990, p.125
[2] Quoted in Droste, *Bauhaus*, 1990, p.148
[3] Quoted in A Rawsthorn, 'Exhibition Traces Bauhaus Luminary's Struggle With His Past', www.nytimes.com/2014/01/08/arts/design/A-Bauhaus-Luminarys-Struggle-With-Past-as-Nazi-Propagandist.html <7 January 2014 (accessed 21 January 2018)>
4 Ibid.

59
Universal Bayer
[1] Quoted in G Naylor, *The Bauhaus*, London: Studio Vista, 1968, p.138
[2] J Aynsley, *Graphic Design in Germany*: 1890–1945, London: Thames & Hudson, 2000, p.104

60
Marianne Brandt
[1] Quoted in Müller, p.124

61
Light Prop for an Electric Stage
[1] Quoted in Fiedler and Feierabend, p.299
[2] K Gewertz, 'Light Prop Shines Again', https://news.harvard.edu/gazette/story/2007/07/light-prop-shines-again <19 July 2007 (accessed 8 February 2018)>
[3] Quoted in Wilk, *Modernism: Designing a New World 1914–1939*, p.138
[4] Quoted in Fiedler and Feierabend, p.300
[5] Quoted in K Passuth, *Moholy-Nagy*, London: Thames & Hudson, 1985, p.56
[6] H Lie, 'Replicas of László Moholy-Nagy's Light Prop: Busch-Reisinger Museum and Harvard University Art Museums', Tate Papers, no. 8, www.tate.org.uk/research/publications/tate-papers/08/replicas-of-laszlo-moholy-nagys-light-prop-busch-reisinger-museum-and-harvard-university-art-museums <Autumn 2007 (accessed 08 January 2018)>

62
Hannes Meyer
[1] Quoted in A Saint, *The Image of the Architect*, New Haven/London: Yale University Press, 1983, p.126
[2] Quoted in H M Wingler, *The Bauhaus: Weimar, Dessau, Berlin, Chicago*, Cambridge, Mass./London: M.I.T. Press, 1978, p.153
[3] *Saint, Image of the Architect*, p.127

63
Five Choirs
[1] Quoted in Bergdoll and Dickerman, p.208

64
Folding Chair
[1] Quoted in Fiedler and Feierabend, p.412
[2] Ibid.

65
Joost Schmidt
[1] Fiedler and Feierabend, p.488

66
'The needs of the people instead of the need for luxury'
[1] Quoted in Droste, *Bauhaus*, 1990, p.174
[2] Quoted in Fiedler and Feierabend, p.412
[3] Quoted in Wilk, *Modernism: Designing a New World* 1914–1939, p.218

67
ADGB Trade Union School
[1] Quoted in Droste, *Bauhaus*, 1990, p.193
[2] Quoted in Wingler, 1978, p.493
[3] Ibid.
[4] Quoted in G Chantel, 'Purpose and allusion: Hannes Meyer and Hans Wittwer, Petersschule in Basel, 1926, and Bundesschule–ADGB in Bernau, 1928–30', *San Rocco*, 2013, pp.84–93.
[5] Droste, *Bauhaus*, 1990, p.195
[6] Wingler, 1978, p.153
[7] Quoted in D Martins, 'Hannes Meyer: German Trade Unions School, Bernau 1928–30' in Bergdoll and Dickerman, p.259

68
Walter Peterhans
[1] Quoted in Fiedler and Feierabend, p.528
[2] Quoted in Droste, *Bauhaus*, 1990, p.222

69
Karla Grosch and exercise at the Bauhaus
[1] Quoted in Wilk, *Modernism: Designing a New World 1914–1939*, p.290
[2] Quoted in H Suter, *Paul Klee and his illness : bowed but not broken by suffering and adversity*, London: Karger, 2010, p.154

71
Mask Portraits
[1] M Kräher, 'Bauhaus love stories', www.bauhaus100.de/en/present/20170214_Bauhaus-Paare.html <(accessed 9 January 2018)>
[2] Quoted in Müller, p.59
[3] A Bußmann, 'Gertrud Arndt', www.fembio.org/biographie.php/frau/biographie/gertrud-arndt <(accessed 9 January 2018)>
[4] Ibid.
[5] 'Untitled, Claude Cahun', www.moma.org/learn/moma_learning/claude-cahun-untitled-c-1921 <(accessed 8 June 2018)>

72
Bauhaus wallpapers
[1] Quoted in J Kinchin,

'Wallpaper design', in Bergdoll and Dickerman, p.294

73
Design for a Socialist City

[1] Quoted in W Thöner, '"Design for a Socialist City". On the Teaching of Urban Planning at the Bauhaus', in *Bauhaus: a conceptual model*, p.298
[2] Ibid., p.299
[3] 'Design for a Socialist City', www.bauhaus100.de/en/past/works/architecture/entwurf-einer-sozialistischen-stadt <(accessed 08 January 2018)>
[4] Thöner '"Design for a Socialist City"', in *Bauhaus: a conceptual model*, p.300

3
The Bauhaus in Berlin and the Bauhaus legacy, 1932–3 and beyond

[1] L Mies van der Rohe quoted in in Fiedler and Feierabend, p.217

75
Ludwig Mies van der Rohe

[1] Quoted in Droste, *Bauhaus*, 1990, p. 204
[2] Quoted in T Riley and B Bergdoll (eds), *Mies in Berlin*, London: Thames & Hudson 2001, p.336
[3] Quoted in Droste, *Bauhaus*, 1990, p.209
[4] H Dearstyne, 'Mies van der Rohe's teaching at the Bauhaus in Dessau', in Neumann, 1993, p.224

76
Lilly Reich

[1] Quoted in C Lange, *Ludwig Mies van der Rohe & Lilly Reich: Furniture and Interiors*, tr. A Plath-Moseley, Ostfildern: Hatje Cantz, 2006, p.98
[2] Quoted in A Bußmann, 'Lilly Reich', www.fembio.org/biographie.php/frau/biographie/lilly-reich <(accessed 11 February 2018)>
[3] Quoted in Droste, *Bauhaus*, 1990, p.224
[4] Quoted in Müller, p.110
[5] Quoted in A Bußmann, 'Lilly Reich', www.fembio.org/biographie.php/frau/biographie/lilly-reich <(accessed 11 February 2018)>

77
The Bauhaus in Berlin-Steglitz

[1] 'Ludwig Mies van der Rohe', www.bauhaus100.de/en/past/people/directors/ludwig-mies-van-der-rohe <(accessed 9 February 2018)>
[2] P E Pahl, 'Experiences of an architectural student', in Neumann, 1993, p.255
[3] Quoted in Droste, *Bauhaus*, 1990, p.233
[4] Wingler, 1978, p.186

78
Otti Berger

[1] W Weltge, Bauhaus *Textiles*, p.113
[2] Müller, p.65
[3] T Smith, 'Anonymous Textiles, Patented Domains: The Invention (and Death) of an Author', *Art Journal*, Vol. 67, No. 2, 2008, p.56
[3] Ibid.

79
Lemke House

[1] Quoted in C Krohn, *Mies van der Rohe – The Built Work*, Basel: Birkhäuser, 2014, p.101
2 Ibid.

80
International Style

[1] A H Barr, Jr, foreword to *Modern Architecture: International Exhibition*, New York: Museum of Modern Art, 1932, p.13
[2] Ibid., p.16
[3] Wilk, Modernism: *Designing a New World 1914–1939*, p.164

81
The Attack on the Bauhaus

[1] B Williamson, www.tate.org.uk/art/artworks/yamawaki-bauhaus-student-p79899 <April 2016 (accessed 10 November 2017)>
[2] K T Oshima, 'Complexities of the Collage: Iwao Yamasaki's *Attack on the Bauhaus', in Bauhaus: a conceptual model*, pp. 325
[3] Quoted in ibid., pp. 323–6

82
The closure of the Bauhaus

[1] P E Pahl, 'Experiences of an architectural student', in Neumann, 1993, p.255
[2] Quoted in Bergdoll and Dickerman, p.337
[3] Quoted in *Bauhaus: a conceptual model*, p.314

83
VkhUTEMAS

[1] A Ballantyne, 'International Style, Grove Art Online, https://doi-org.ezproxy2.londonlibrary.co.uk/10.1093/gao/9781884446054.article.T041418 <2003, updated bibliography 25 July 2013 (accessed 13 February 2018)>
[2] Quoted in C Lodder, *Russian Constructivism*, New Haven: Yale University Press, 1983, p.122
[3] V Margolin, *The Struggle for Utopia: Rodchenko, Lissitzky, Moholy-Nagy: 1917–1946*, London/Chicago: University of Chicago Press, 1997, p.89
[4] A Pyzik, 'Vkhutemas: The 'Soviet Bauhaus', https://www.architectural-review.com/rethink/reviews/vkhutemas-the-soviet-bauhaus/8681383.article <8 May 2015 (accessed 28 March 2018)>

84
New Bauhaus, Chicago

[1] On display in 'New Bauhaus Chicago: experiment photography and film', Bauhaus-Archiv, Berlin (15 November 2017–5 March 2018)
[2] A Borchardt-Hume, *Albers and Moholy-Nagy: From the Bauhaus to the New World*, London: Tate Publishing, 2006, p.96
[3] R Koppe, 'The New Bauhaus, Chicago', in Neumann, 1970, p.237

85
Mühely, the 'Budapest Bauhaus'

[1] V Vasarely, *The unknown Vaserely*, Neuchatel: Editions du Griffon, 1977, p.53
[2] J Ferrier, with Y Le Pichon, *Art of Our Century: The Story of Western Art 1900 to the Present*, tr. W D Glanze, Harlow: Longman, 1989, p.425
[3] R Waterhouse, 'Sad end of a dazzling life', *Guardian*, 17 March 1997, p.13
[4] Vasarely, p.11
[5] Ibid.
[6] Ibid., p.6

86
Long Chair

1 Wilk, *Marcel Breuer: Furniture and Interiors*, p.128
[2] Advertisement designed for the Isokon Furniture Company by Breuer, 1935–6

87
Walter Gropius and Harvard's Graduate School of Design

[1] R Wiesenberger, 'The Bauhaus and Harvard', www.harvardartmuseums.org/tour/the-bauhaus/slide/6339 <(accessed 5 January 2018)>
[2] Quoted in G Luper and P Sigel, *Gropius 1883–1969: the promoter of a new form*, Köln/London: Taschen, 2004, p.81

88
Black Mountain College

[1] Quoted in M Kentgrens-Craig, *The Bauhaus and America: First Contacts, 1919–36*, Cambridge, Mass./London: MIT Press, 1999, p.141
[2] Quoted in in Fiedler and Feierabend, p.62
[3] Quoted in A Borchardt-Hume (ed.), *Albers and Moholy-Nagy: From the Bauhaus to the New World*, London: Tate Publishing, 2006, p.71
[4] Ibid., p.100
[5] See albersdesignshop.bigcartel.com <(accessed 9 February 2018)>

89
Mies at the Illinois Institute of Technology

[1] Quoted in P Carter, 'Mies van der Rohe, Ludwig', Grove Art Online, https://doi-org.ezproxy2.londonlibrary.co.uk/10.1093/gao/9781884446054.article.T057875 <2003, updated bibliography 22 September 2015; updated bibliography 15 July 2008 (accessed 9 February 2018)>
[2] Ibid.
[3] L Becker, 'Mies van der Rohe and the creation of a New Architecture on the IIT Campus', http://www.lynnbecker.com/repeat/OedipusRem/miesiit.htm, 26 September 2003 <(accessed 13 February 2018)>
[4] R L Kaiser, 'Mies-ly IIT Shrugs Off Ugly Tag: Architects Vying to Alter "Blah" Image That Sticks With It', Chicago Tribune, 13 September 1997
[5] L Becker, 'Mies van der Rohe and the creation of a New Architecture on the IIT Campus', http://www.lynnbecker.com/repeat/OedipusRem/miesiit.htm <26 September 2003 (accessed 13 February 2018)>
[6] L Becker, 'Of Mies and Rem', www.chicagoreader.com/chicago/of-mies-and-rem/Content?oid=913290 <25 September 2003 (accessed 17.02.18)>

90
Ulm School of Design

[1] Fiedler and Feierabend, *Bauhaus*, p.74
[2] Quoted in D Crowley and Jane Pavitt (eds), *Cold War Modern: Design 1945–1970*, London: V&A Publishing, 2008, p.89
[3] Fiedler and Feierabend, *Bauhaus*, p.74
[4] R Spitz, *HfG Ulm: The View behind the Foreground. The Political History of the Ulm School of Design, 1953–1968*, Stuttgart/London: Edition Axel Menges, 2002, p.377

91
Studio 42/ M2 Typewriter

[1] 'ICO MP1 (Modello Portatile 1) Typewriter', https://maas.museum/event/interface/object/ico-mp1-modello-portatile-1-typewriter/index.html <(7 January 2018)>
[2] H Read, *Art and Industry: Principles of Industrial Design*, New York: Harcourt, Brace and Company, 1935, p.37
[3] Olivetti: Design in Industry master checklist, www.moma.org/documents/moma_master-checklist_325867.pdf <(7 January 2018)>

92
The 'White City', Tel Aviv

[1] Quoted in I Sonder, 'Bauhaus Architecture in Israel: De-Constructing a Modernist Vernacular and the Myth of Tel Aviv's "White City"' in E Ben-Rafael, J H Schoeps, Y Sternberg, and O Glöckner (eds), *Handbook of Israel: Major Debates*, Berlin; de Gruyter, 2016, p.98
[2] Quoted in https://www.theguardian.com/books/2015/jan/22/white-city-black-city-architecutre-and-war-in-tel-aviv-and-jaffa-review <22 January 2015 (accessed 8 February 2018)>
[3] I Sonder, 'Bauhaus Architecture in Israel: De-Constructing a Modernist Vernacular and the Myth of Tel Aviv's "White City"' in E Ben-Rafael, J H Schoeps, Y Sternberg, and O Glöckner (eds), *Handbook of Israel: Major Debates*, Berlin; de Gruyter, 2016, p.96

93
The *Triadic Ballet*

[1] Quoted in Bergdoll and Dickerman, p.170
[2] Quoted in Conzen, *Oskar Schlemmer*, p.194
[3] O Schlemmer in Gropius and Wensinger, p.34

94
Frank House

[1] Wilk, *Marcel Breuer: Furniture and Interiors*, p.151
[2] Ibid., p.156
[3] 'How the house came to be', thefrankhouse.org/history/how-the-house-came-to-be <(accessed 4 January 2018)>

95
Kitchen Clock with Timer

[1] m bill, 'what i know about clocks', *AA Files*, No. 60, 2010, pp. 20–1
[2] Ibid.
[3] Ibid.
[4] Ibid.
[5] Ibid.

96
The Seagram Building

[1] M Lamster, 'A Personal Stamp on the Skyline', www.nytimes.com/2013/04/07/arts/design/building-seagram-phyllis-lamberts-new-architecture-book.html <3 April 2013 (accessed 08 February 2018)>
[2] Quoted in P Lambert, 'Seagram: Union of Building and Landscape. The evolution of Mies van der Rohe's architectural philosophy', https://placesjournal.org/article/seagram-union-of-building-and-landscape <April 2013 (accessed 8 January 2018)>

97
Interaction of Colour

[1] J Albers, *Interaction of Colour* (new complete edn), New Haven & London: Yale University Press, 2009, p.70
[2] H Beckmann, 'Formative Years', in Neumann, 1970, p.198
[3] 'Josef Albers Publications The Interaction of Colour', albersfoundation.org/teaching/josef-albers/interaction-of-color/publications <(accessed 1 December 2017)>
[4] J H Holloway, J A Weil and J Albers, 'A Conversation with Josef Albers', *Leonardo*, Vol. 3, No. 4, 1970, pp.459–64

98
On Weaving

[1] A Albers, *On Weaving*, Middletown, Conn.: Wesleyan University Press, 1965, p.13
[2] Ibid., p.62
[3] Ibid., p.64
[4] Ibid., p.78
[5] A Albers, *On Designing*, Middletown, Conn.: Wesleyan University Press, 1962.

99
Bauhaus type

[1] See I Kupferschmid, 'True Type of the Bauhaus', https://fontsinuse.com/uses/5/typefaces-at-the-bauhaus <11 December 2010 (accessed 16 February 2018)>
[2] www.foundrytypes.co.uk/about-the-foundry <(accessed 16 February 2018)>
[3] F Sack and D Quay, 'From Bauhaus to Font House', www.eyemagazine.com/feature/article/from-bauhaus-to-font-house <Winter 1993 (accessed 16 February 2018)>

100
The 'White Gods'

[1] T Wolfe, *From Bauhaus to Our House*, London: Cape, 1981, p.37
[2] Ibid., p.143

참고문헌

Books

Albers, A, *On Designing*, Middletown, Conn.: Wesleyan University Press, 1962.

Albers, A, *On Weaving*, Middletown, Conn.: Wesleyan University Press, 1965

Albers, J, with foreword by NF Weber, *Interaction of Color: New complete edition*, New Haven & London: Yale University Press, 2009

Aynsley, J, *Graphic Design* in Germany: 1890 – 1945, London: Thames & Hudson, 2000

Bauhaus: a conceptual model, Ostfildern: Hatje Cantz, 2009

Ben-Rafael, E, J H Schoeps, Y Sternberg and O Glöckner (eds), *Handbook of Israel: Major Debates*, Berlin; de Gruyter, 2016

Bergdoll, B and L Dickerman (eds), *Bauhaus 1919–1933: Workshops for Modernity*, New York: Museum of Modern Art, 2009

Borchardt-Hume, A (ed.), *Albers and Moholy-Nagy: From the Bauhaus to the New World*, London: Tate Publishing, 2006

Cobbers, A, *Marcel Breuer 1902 – 1981: form giver of the twentieth century*, Köln: Taschen, 2007

Conzen, I (ed.), *Oskar Schlemmer: Visions of a New World*, tr. B. Opstelten, Michael Scuffil, Munich: Hirmer Publishers, 2014

Crowley, D and J Pavitt (eds), *Cold War Modern: Design 1945 – 1970*, London: V&A Publishing, 2008

Droste, M, *Bauhaus 1919 – 1933*, tr. Karen Williams, Köln: Taschen, 1990

Droste, M, *Bauhaus 1919 – 1933: Reform and Avant-Garde*, tr. Maureen Roycroft Sommer, Köln: Taschen, 2006

Ferrier, J (ed.), with Yann Le Pichon, *Art of Our Century: The Story of Western Art 1900 to the Present*, tr. Walter D. Glanze, Harlow: Longman, 1989

Fiedler, J and P Feierabend (eds), *Bauhaus, Köln*: H.F. Ullmann, 2006

Forgács, É, *The Bauhaus Idea and Bauhaus Politics*, Budapest: Central European University Press, 1995

Fox Weber, N and M Filler, *Josef + Anni Albers: designs for living*, London: Merrell, 2004

Fox-Weber, N, *The Bauhaus Group: Six Masters of Modernism*, New Haven, Conn.; London: Yale University Press 2011

Fox-Weber, N, *The Bauhaus Group: Six Masters of Modernism*, New York: Alfred A. Knopf, 2009

Giedion-Welcker, *Paul Klee*, tr. Alexander Gode, London; Verona printed: Faber & Faber 1952

Gropius, W and A S Wensinger (eds.), *The Theater of the Bauhaus*, tr. Arthur S. Wensinger, M, Conn.: Wesleyan University Press, 1961

Gropius, W, *New Architecture and the Bauhaus*, (rev. edn), tr. P Morton Shand, London: Faber & Faber, 1965

Hahn, P, M Droste, and J Fiedler, Experiment *Bauhaus: Das Bauhaus-Archiv Berlin* (west) Zu Gast Im Bauhaus Dessau, Berlin; Kupfergraben Verlagsgesellschaft, 1988

Ince, C, L Yee and J Desorgues, Barbican Art Gallery, *Bauhaus: Art As Life*, Koenig Books: London, 2012

Itten, J, *Design and Form: the basic course at the Bauhaus*, 3rd edn, London: Thames & Hudson, 1967

Itten, J, *The Art of Colour*, New York: Van Nostrand Reinhold, 1973

James-Chakraborty, K, ed., *Bauhaus Culture: From Weimar to the Cold War*, Minneapolis, Minn. / London: University of Minnesota Press, 2006

Kentgens-Craig, M, *The Bauhaus and America: First Contacts*, 1919–36, Cambridge, Mass./London: MIT Press, 1999

Krohn, *C, Mies van der Rohe – The Built Work*, Basel: Birkhäuser, 2014

Lange, C, *Ludwig Mies van der Rohe & Lilly Reich: Furniture and Interiors*, tr. Allison Plath-Moseley, Ostfildern: Hatje Cantz, 2006

Lodder, C, *Russian Constructivism*, New Haven: Yale University Press, 1983

Luper, G and P Sigel, *Gropius 1883 – 1969: the promoter of a new form*, Köln/London: Taschen, 2004

Manske, B, *Wilhelm Wagenfeld (1900-1990)*, Ostfildern/New York: Hatje Cantz, 2000

Margolin, V, *The Struggle for Utopia: Rodchenko, Lissitzky, Moholy-Nagy: 1917 – 1946*, London/Chicago: University of Chicago Press, 1997

McQuaid, Matilda, with an essay by Magdalena Droste, *Lilly Reich: designer and architect*, New York: The Museum of Modern Art,1996

Modern Architecture: International Exhibition, New York: Museum of Modern Art, 1932

Moholy-Nagy, L, *Maleri, Fotographie, Film*, Bauhausbücher 8, München: Albert Langen Verlag, 1927

Moholy, L, Marginalien *zu Moholy-Nagy*, Krefeld: Scherpe, 1972

Moholy-Nagy, L , *Painting, Photography, Film*, tr. Janet Seligman, London: Lund Humphries, 1967

Moholy-Nagy, L, *The New Vision* 1928, 4th edn, New York: George Wittenborn, 1946

Müller, U, *Bauhaus Women: Art Handicraft, Design*, Paris: Flammarion, 2009

Naylor, G, *The Bauhaus*, London: Studio Vista, 1968

Nerdinger, W, *Walter Gropius*, tr. Andreas Solbach and Busch-Reisinger Museum, Berlin: Mann, 1985

Neumann, E (ed.), *Bauhaus and Bauhaus People, personal opinions and recollections of former Bauhaus members and their contemporaries*, New York: Van Nostrand Reinhold, 1970

Neumann, E, ed., *Bauhaus and Bauhaus People: personal opinions and recollections of former Bauhaus members and their contemporaries* (rev. ed.), tr. E. Richter and Alba Lorman, New York: Van Nostrand Reinhold; London: Chapman and Hall, 1993

Passuth, K, *Moholy-Nagy*, London: Thames & Hudson, 1985

Poling, C V, *Kandinsky's Teaching at the Bauhaus*, New York: Rizzoli, 1986

Read, H, *Art and Industry: Principles of Industrial Design*, New York: Harcourt, Brace and Company, 1935

Riley, T and B Bergdoll (eds), *Mies in Berlin*, London: Thames & Hudson 2001

Rowland, A, *Bauhaus Source Book*, Oxford: Phaidon, 1990

Saint, A, *The Image of the Architect*, New Haven/ London: Yale University Press, 1983

Salama, *A, New Trends in Architectural Education: Designing the Design Studio*, Raleigh: Tailored Text and Unlimited Potential Publishing, 1995

Siebenbrodt, M (ed.) *Bauhaus Weimar: Designs for the Future*, Ostfildern-Ruit: Hatje Cantz, 2000

Smith, M W, *The Total Work of Art: From Bayreuth to Cyberspace*, New York and London: Routledge, 2007

Solomonson, K, *The Chicago Tribune Tower Competition: skyscraper design and cultural change in the 1920s*, Cambridge: Cambridge University Press, 2001

Spitz, R, *HfG Ulm: The View behind the Foreground. The Political History of the Ulm School of Design, 1953 – 1968*, Stuttgart/London: Edition Axel Menges, 2002

Staatliches Bauhaus, Weimar, 1919 – 1923, Weimar/ München: Bauhausverlag, 1923

Stadler, M and Aloni, Y, *Gunta Stölzl* Bauhaus Master, New York: Museum of Modern Art, 2009

Suter, H, *Paul Klee and his illness: bowed but not broken by suffering and adversity*, tr. Gillian McKay and Neil McKay. London: Karger 2010

Trimingham, M, *The Theatre of the Bauhaus: The Modern and Postmodern Stage of Oskar Schlemmer*, London: Routledge, 2016

Vasarely, V, *The Unknown Vasarely*, Neuchatel: Editions du Griffon, 1977

Warren, L, *Encyclopedia of Twentieth-Century Photography, vol. 2*, New York/ London: Routledge, 2006

Werckmeister, O K, *The Making of Paul Klee's Career, 1914 – 1920*, Chicago/London: The University of Chicago Press, 1984

Westphal, U, *The Bauhaus*, London: Studio Edition, 1991

Whitford, F, *Bauhaus*, London: Thames & Hudson, 1984

Whitford, F (ed.), *The Bauhaus: Masters and Students by Themselves*, London: Conran Octopus, 1992

Wilk, C, *Marcel Breuer: Furniture and Interiors*, London: Architectural Press, 1981

Wilk, C (ed.), *Modernism: Designing a New World 1914 – 1939*, London: V&A Publications, 2006

Wingler, H M, *The Bauhaus: Weimar, Dessau, Berlin, Chicago*, Cambridge, Mass./ London: M.I.T. Press, 1969

Wingler, H M, *The Bauhaus: Weimar, Dessau, Berlin, Chicago*, Cambridge, Mass./ London: M.I.T. Press, 1978

Wolfe, T, *From Bauhaus to Our House*, London: Cape, 1981

Worttmann Weltge, S, *Bauhaus Textiles: women artists and the weaving workshops*, London: Thames & Hudson, 1993

Articles

Albertazzi, L, O Da Pos, L Canal, M Micciolo, M Malfatti, and M Vescovi, , 'The hue of shapes', *Journal of Experimental Psychology: Human Perception and Performance*, 39 (2013)

bill, m, 'what i know about clocks', *AA Files*, No. 60, 2010, pp. 20–21

Chatel, G, 'Purpose and allusion: Hannes Meyer and Hans Wittwer, Petersschule in Basel, 1926, and Bundesschule–ADGB in Bernau, 1928–30', *San Rocco*, 2013, pp.84–93

Funkenstein, S, 'Picturing Palucca at the Bauhaus', in Susan Manning and Lucia Ruprecht (eds), *New German Dance Studies*, Urbana: University of Illinois Press, 2012

Holloway, J H and Weil, J A, 'A Conversation with Josef Albers', *Leonardo*, Vol. 3, No. 4, 1970, pp.459–64

Jacobsen, T, 'Kandinsky's questionnaire revisited: fundamental correspondence of basic colors and forms?', *Perceptual and Motor Skills*, Vol. 95, Issue 3, 2002

Kaiser, R L, 'Mies-ly IIT Shrugs Off Ugly Tag: Architects Vying to Alter "Blah" Image That Sticks With It', *Chicago Tribune*, 13 September 1997
Smith, T, 'Anonymous Textiles, Patented Domains: The Invention (and Death) of an Author', *Art Journal*, Vol. 67, No. 2, 2008, pp.54–73
Waterhouse, R, 'Sad end of a dazzling life', Guardian, 17 March 1997, p.13

Websites

Ballantyne, A, 'International Style, Grove Art Online, https://doi-org.ezproxy2.londonlibrary.co.uk/10.1093/gao/9781884446054.article.T041418 <2003, updated bibliography 25 July 2013 (accessed 13 February 2018)>
'Bauhaus Building Game', www.naefusa.com/shop/classic/bauhaus-building-game <(accessed 10 December 2017)>

'Bauhaus Dress', www.bauhaus100.de/en/past/works/design-classics/bauhaus-kleid <(accessed 9 January 2018)>

Becker, L, 'Mies van der Rohe and the creation of a New Architecture on the IIT Campus', http://www.lynnbecker.com/repeat/OedipusRem/miesiit.htm <26 September 2003 (accessed 13 February 2018)>

Bußmann, A, 'Gertrud Arndt', www.fembio.org/biographie.php/frau/biographie/gertrud-arndt <(accessed 9 January 2018)>

Bußmann, A, 'Lilly Reich', www.fembio.org/biographie.php/frau/biographie/lilly-reich <(accessed 11 February 2018)>

Bußmann, A, 'Lucia Moholy', www.fembio.org/biographie.php/frau/biographie/lucia-moholy <(accessed 10 December 2017)>

Bußmann, A, 'Otti Berger', www.fembio.org/biographie.php/frau/biographie/otti-berger/ <(accessed 29 November 2017)>

'Club Chair B 3, 2nd Version', www.bauhaus100.de/en/past/works/design-classics/clubsessel-b-3-2-version <(accessed 29 January 2018)>

Cohen, L, 'Klee's sixth rule of Bauhaus: know your colour wheel', www.tate.org.uk/context-comment/blogs/klees-sixth-rule-bauhausknow-your-colour-wheel <17 February 2014 (accessed 6 April 2018)>

'Design for a Socialist City', www.bauhaus100.de/en/past/works/architecture/entwurf-einer-sozialistischen-stadt <(accessed 08 January 2018)>

'Design for the Bauhaus Signet (Star Manikin', www.bauhaus100.de/en/past/works/graphics-typography/bauhaussignet-sternenmaennchen/index.html <(accessed 27 January 2018)>

'Entartete Kunst', www.vam.ac.uk/content/articles/e/entartete-kunst <(accessed 8 February 2018)>

'From Bauhaus photographer to UNESCO commmissary', www.bauhaus100.de/en/present/20161004_Lucia-Moholys-englische-Jahre.html <(accessed 10 December 2017)>

Gayford, M, 'Close to the heart of creation', www.telegraph.co.uk/culture/art/3571654/Close-to-the-heart-of-creation.html <12 January 2002 (accessed 22 January 2018)>

Gewertz, K, 'Light Prop Shines Again', https://news.harvard.edu/gazette/story/2007/07/light-prop-shines-again <19 July 2007 (accessed 8 February 2018)>

Gotthardt, A, 'What You Need to Know About Bauhaus Master Anni Albers', www.artsy.net/article/artsy-editorial-bauhaus-master-anni-albers <11 October 2017 (accessed 10 December 2017)>

'How the house came to be', thefrankhouse.org/history/how-the-house-came-to-be <(accessed 4 January 2018)>

'ICO MP1 (Modello Portatile 1) Typewriter', https://maas.museum/event/interface/object/ico-mp1-modello-portatile-1-typewriter/index.html <(7 January 2018)>

'Josef Albers Publications The Interaction of Colour', albersfoundation.org/teaching/josef-albers/interaction-of-color/publications <(accessed 1 December 2017)>

'Klee, Paul', Benezit Dictionary of Artists, https://doi-org.ezproxy2.londonlibrary.co.uk/10.1093/benz/9780199773787.article.B00099220 <31 October 2011; updated 28 May 2015; updated 9 July 2012 (accessed 16 January 2018)>

Kräher, M, 'Bauhaus love stories', www.bauhaus100.de/en/present/20170214_Bauhaus-Paare.html <(9 January 2018)>
Kupferschmid, Indra, 'True Type of the Bauhaus', https://fontsinuse.com/uses/5/typefaces-at-the-bauhaus <11 December 2010 (accessed 16 February 2018)>

Lambert, P, 'Seagram: Union of Building and Landscape. The evolution of Mies van der Rohe's architectural philosophy', https://placesjournal.org/article/seagram-union-of-building-and-landscape <April 2013 (accessed 8 January 2018)>

Lamster, M, 'A Personal Stamp on the Skyline',www.nytimes.com/2013/04/07/arts/design/building-seagram-phyllis-lamberts-new-architecture-book.html <3 April 2013 (accessed 08 February 2018)>

Lie, H, 'Replicas of László Moholy-Nagy's Light Prop: Busch-Reisinger Museum and Harvard University Art Museums', Tate Papers, no. 8, www.tate.org.uk/research/publications/tate-papers/08/replicas-of-laszlo-moholy-nagys-light-prop-busch-reisinger-museum-and-harvard-university-art-museums <Autumn 2007 (accessed 08 January 2018)>

'Ludwig Mies van der Rohe', www.bauhaus100.de/en/past/people/directors/ludwig-mies-van-der-rohe <(accessed 9 February 2018)>

'Olivetti: Design in Industry' master checklist, www.moma.org/documents/moma_master-checklist_325867.pdf <(accessed 7 January 2018)>

Pyzik, A, 'Vkhutemas: The 'Soviet Bauhaus', https://www.architectural-review.com/rethink/reviews/vkhutemas-the-soviet-bauhaus/8681383.article <8 May 2015 (accessed 28 March 2018)>

Rawsthorn, A, 'Exhibition Traces Bauhaus Luminary's Struggle With His Past', www.nytimes.com/2014/01/08/arts/design/A-Bauhaus-Luminarys-Struggle-With-Past-as-Nazi-Propagandist.html <7 January 2014 (accessed 21 January 2018)>

Sack, F and D Quay, 'From Bauhaus to Font House', www.eyemagazine.com/feature/article/from-bauhaus-to-font-house <Winter 1993 (accessed 16 February 2018)>

Savage, A, '"All artists are not chess players – all chess players are artists" – Marcel Duchamp', Tate Etc, no. 12, www.tate.org.uk/context-comment/articles/all-artists-are-not-chess-players-all-chess-players-are-artists-marcel <Spring 2008 (accessed 8 June 2018)>

Temkin, A, 'Klee, Paul', Grove Art Online, https://doi-org.ezproxy2.londonlibrary.co.uk/10.1093/gao/9781884446054.article.T046818 <2003, updated bibliography 28 May 2015 (accessed 16 January 2018)>

'Untitled, Claude Cahun', www.moma.org/learn/moma_learning/claude-cahun-untitled-c-1921 <(accessed 8 June 2018)>

Wainwright, O, 'Rocket ships, eagles and wedding cakes: the Chicago contest that led to a skyscraper explosion', www.theguardian.com/artanddesign/2017/sep/12/chicago-tribune-chicago-architecture-biennial-skyscraper-contest <12 September 2017 (accessed 08 January 2018)>

Watson-Smyth, K 'Design: how the classic Wassily chair was inspired by a bicycle', www.ft.com/content/8cddc584-d910-11e2-a6cf-00144feab7de <21 June 2013 (accessed 08 February 2018)>

Wiesenberger, R, 'The Bauhaus and Harvard', www.harvardartmuseums.org/tour/the-bauhaus/slide/6339 <(accessed 5 January 2018)>

Williamson, B, www.tate.org.uk/art/artworks/yamawaki-bauhaus-student-p79899 <April 2016 (accessed 10 November 2017)>

www.foundrytypes.co.uk/about-the-foundry <(accessed 16 February 2018)>

찾아보기